Lecture Notes in Mathematics

Edited by A. Dold and B. Eckmann

1010

Jacques-Edouard Dies

Chaînes de Markov sur les permutations

Springer-Verlag
Berlin Heidelberg New York Tokyo 1983

Auteur

Jacques-Edouard Dies
Laboratoire de Statistiques et Probabilités
Université Paul Sabatier
118, route de Narbonne, 31077 Toulouse Cédex, France

AMS Subject Classifications (1980): 60 J 10, 60 J 20, 68 E 99, 60 J 15

ISBN 3-540-12669-4 Springer-Verlag Berlin Heidelberg New York Tokyo
ISBN 0-387-12669-4 Springer-Verlag New York Heidelberg Berlin Tokyo

CIP-Kurztitelaufnahme der Deutschen Bibliothek
Dies, Jacques-Edouard: Chaînes de Markov sur les permutations / Jacques-Edouard Dies. –
Berlin; Heidelberg; New York; Tokyo: Springer, 1983.
– (Lecture notes in mathematics; 1010)
– ISBN 3-540-12669-4 (Berlin, Heidelberg, New York, Tokyo)
– ISBN 0-387-12669-4 (New York, Heidelberg, Berlin, Tokyo)
NE: GT

Printing and binding: Beltz Offsetdruck, Hemsbach/Bergstr.
2146/3140-543210

INTRODUCTION

Comme on le sait, les chaînes de Markov constituent un sujet d'étude très riche qui a été extensivement étudié durant ces dernières décennies. Cependant, les chaînes considérées dans ce travail, les librairies, diffèrent sensiblement d'autres processus bien connus (marches aléatoires, processus de branchement,...) ne serait-ce que du fait que leurs états, qui sont des permutations, ne peuvent être indexés de façon naturelle par Z ou Z^n.

Les librairies ont été assez peu étudiées: le premier travail substantiel sur la question est dû à Letac (1978). Pour notre part, poursuivant notre propre travail (Dies 1981, 1982a, 1982b, 1982c), nous avons cru bon d'examiner en détail (près de la moitié des résultats proposés sont nouveaux) ces chaînes de Markov sur les permutations qui présentent bien des aspects originaux.

Cette introduction n'est pas un sommaire: le lecteur pourra trouver un résumé des résultats en tête de chaque partie ou, à défaut, en tête de chapitre. Nous nous contenterons de brosser à grands traits les problèmes spécifiques posés par l'étude des librairies que nous allons maintenant présenter.

Donnons-nous deux ensembles B et T de même cardinalité; on pourra se représenter B comme un ensemble de livres et T comme l'ensemble, géométriquement structuré, des places affectées à ces livres. Donnons-nous aussi un procédé valable à tout instant, appelé police,

par lequel un lecteur modifie la disposition des livres à un instant donné après avoir choisi un de ces livres. Au total, nous avons une structure (de permutation) S permettant de suivre l'évolution au cours du temps des dispositions des livres sur T en fonction de la suite des livres choisis.
Si maintenant nous supposons que le choix du lecteur présente un caractère aléatoire ou, plus précisément, p étant une probabilité sur les livres, si nous admettons que le lecteur choisit à chaque instant et indépendamment du choix précédent, un livre selon cette probabilité, la suite des dispositions des livres sur T est une chaîne de Markov appelée librairie (S,p) caractérisée par son aspect géométrique S et son aspect aléatoire p.

Les problèmes qui se posent pour toute chaîne de Markov s'avèrent assez compliqués: ainsi, d'une part, on ne sait déterminer de mesure stationnaire explicite que pour une classe de librairies appelées librairies mixtes et quelques unes de leurs variantes et, d'autre part, l'étude de la récurrence des librairies associées à une même structure (simple) infinie nécessite l'introduction de techniques appropriées: mots de retour attachés à la structure, construction d'une librairie stationnaire à partir de son espace des suites.

Chronologiquement, le premier problème spécifique aux librairies est le suivant (il ne concerne que les librairies finies où les livres sont rangés sur une étagère linéaire): si on admet que le coût de la recherche d'un livre est une fonction croissante de sa position, on est amené à introduire le coût moyen de recherche d'une librairie c(S,p); Rivest (1976) a émis l'intéressante (et toujours ouverte!) hypothèse suivante: on peut minimiser c(S,p) en choisissant pour S une structure de transposition, i.e. une structure

dont la police consiste à transposer le livre choisi avec celui qui le précède immédiatement.
Dans la partie IV, nous proposons deux méthodes d'approche de la conjecture de Rivest: la première consiste à montrer la validité de cette hypothèse lorsqu'on s'intéresse à certaines approximations du coût moyen de recherche; la seconde consiste à introduire une nouvelle conjecture, analogue à celle de Rivest mais portant sur les mesures stationnaires, et à montrer sur de nombreux exemples l'étroite similitude (a priori étonnante) existant entre les deux conjectures.

Le second problème spécifique aux librairies est étudié dans la partie III: S étant une structure donnée, il s'agit de montrer le rôle joué par la géométrie de cette structure dans l'étude de la récurrence des librairies (S,p). Par "géométrie d'une structure" nous entendons ceci: les places affectées aux livres sont les sommets d'un arbre connexe; cet arbre peut avoir un cycle ou non, être borné ou non, ...
Le premier résultat général auquel nous sommes parvenus est le suivant: si on convient de dire qu'une structure S est récurrente s'il existe une librairie associée récurrente (on définirait de même des structures récurrentes positives, transientes, ...), alors toute structure (indépendamment de sa géométrie) est transiente mais, par contre, la récurrence d'une structure est caractérisée par la présence d'un cycle.
Nous nous sommes ensuite plus particulièrement intéressés aux librairies et aux structures mixtes: là encore, la géométrie de la structure joue un rôle fondamental. L'étude de la récurrence positive des librairies mixtes conduit à subdiviser l'ensemble des structures associées en trois classes disjointes et l'étude (très

incomplète) de la transience de ces chaînes montre que cette subdivision s'avère insuffisante. La classification "géométrique" des librairies mixtes reste donc à compléter. Si, par contre, on se limite au problème plus simple de la classification des structures mixtes selon leur type, on peut apporter une réponse définitive.

Enfin, en appendice, nous examinons succinctement deux généralisations des librairies, les marches aléatoires simultanées et les piles de Tsetlin, qui nous paraissent susceptibles de nombreux développements.

<u>Notation</u>: L'énoncé i.j.k -ou la formule (i.j.k)- désigne l'énoncé nºk du paragraphe j du chapitre i. A l'intérieur du chapitre i, l'énoncé i.j.k sera simplement noté j.k.

TABLE DES MATIERES

. Structures et librairies 1

. Structures de permutation 2

1.1. Structures de permutation(au sens large) 2

1.2. Exemples de structures de permutation 6

1.3. Branchement de structures de permutation 10

1.4. Mots de passage attachés à une structure 13

1.5. Structures de permutation (au sens strict) 16

2. Librairies, librairies stationnaires 19

2.1. Définition et premières propriétés des librairies 19

2.2. Mots de passage attachés à une librairie 22

2.3. Librairies stationnaires 25

3. Mesures stationnaires 37

3.1. Définitions, propriétés élémentaires, mesures stationnaires homogènes 37

3.2. Librairies de transposition 43

3.3. Librairies de Hendricks 48

3.4. Branchement de librairies 53

3.5. Librairies-quotient 56

II. Récurrence des librairies $(e,T_{\omega}^{\infty},p)$ et $(e,M_{\omega}^{\infty},p)$ 61

4. Récurrence positive des librairies $(e,T_{\omega}^{\infty},p)$ et $(e,M_{\omega}^{\infty},p)$ 63

4.1. Condition nécessaire de récurrence positive 63

4.2. Condition suffisante de récurrence positive 65

4.3. Distribution stationnaire des librairies (e,T_{ω}^{N},p) 68

5. Transience des librairies $(e,T_{\omega}^{\infty},p)$ 72

5.1. Mots de retour à l'état initial 72

5.2. Transience des chaînes $(e,T_{\omega}^{\infty},p)$ 78

6. Variantes mixtes finies des librairies de Tsetlin; transience des librairies $(e,M_{\omega}^{\infty},p)$ 85

6.1. Définition et propriétés des librairies VMFT 85

6.2. Condition suffisante de transience pour les librairies VMFT 93

6.3. Condition nécessaire et suffisante de transience pour les librairies $(e,M_{\omega}^{\infty},p)$, $\omega \in \mathbb{N}$ 97

III. Géométrie des structures et récurrence des librairies 101

7. Structures récurrentes, structures transientes 105

7.1. Position du problème 105

7.2. Transience des structures 106

7.3. Récurrence des structures 118

8. Récurrence positive des librairies mixtes 128

8.1. Structures mixtes toujours nulles 129

8.2. Opérateurs de réduction sur les structures du type $\mathcal{R}$ 140

8.3. Caractérisation des librairies mixtes récurrentes positives 145

9. Classification des librairies et des structures mixtes 150

9.1. Quelques résultats sur la classification des librairies mixtes 151

9.2. Classification des structures mixtes 161

IV. Questions d'optimalité 171

10. Optimalité de la police de transposition 172

10.1. La conjecture de Rivest 174

10.2. Une conjecture analogue à celle de Rivest 185

10.3. Librairies aux probabilités quasi-uniformes 200

Appendice 209

A.1. Marches aléatoires simultanées 209

A.2. Piles de Tsetlin 215

Bibliographie 219

Index 223

PARTIE I

STRUCTURES

ET

LIBRAIRIES

Chapitre 1

STRUCTURES DE PERMUTATION

1. Structures de permutation (au sens large).

Donnons-nous deux ensembles B et T de même cardinalité; on pourra se représenter B comme un ensemble de livres et T comme l'ensemble des places affectées à ces livres. On munit T d'une structure géométrique: par exemple, T sera l'ensemble des places d'une étagère linéaire. Cela étant, considérons l'ensemble $\mathbb{N}$ des entiers naturels comme un ensemble d'instants et admettons qu'à l'instant 0 les livres sont disposés suivant une bijection $\pi_0 : T \rightarrow B$. Supposons qu'à l'instant 1 un lecteur choisisse un livre b_1 mais qu'il ne remette pas nécessairement le livre lu à sa place; ce faisant, il dérange la disposition π_0 et en crée une nouvelle, π_1. Puis il recommence: à l'instant 2 il choisit un livre b_2, dérange π_1 et obtient π_2 ... Une structure de permutation sera caractérisée par la donnée d'un procédé, valable à tout instant, par lequel le lecteur modifie la disposition des livres à un instant donné après avoir choisi un de ces livres. En conséquence, une structure de permutation permettra de suivre l'évolution au cours du temps des dispositions des livres sur T en fonction de la suite des livres choisis.

Il est temps de passer aux définitions précises.

1.1. L'application γ_-.

Soit un arbre orienté (T,γ) défini par la donnée d'un ensemble dénombrable (fini ou infini) T et d'une application <u>connexe</u> $\gamma : T \to T$, i.e. telle que pour tous s et t de T il existe des entiers naturels n et m avec $\gamma^n(s) = \gamma^m(t)$.

γ <u>préordonne</u> T et nous écrirons $s \leq t$ si s est "en aval" de t, autrement dit s'il existe un entier $n \geq 0$ tel que $\gamma^n(t) = s$.

Si $s \leq t$, on désigne par d(s,t) la <u>distance de t à s</u>

(1.1) $$d(s,t) = \inf\{n \geq 0 ; \gamma^n(t)=s\} .$$

(T,γ) est <u>linéaire</u> si le préordre défini par γ est total.

(T,γ) a un <u>cycle</u> $C = \{\gamma^k(t_0)\}_{k=0}^{n-1}$ (resp. une <u>racine</u> $\omega = \{t_0\}$) s'il existe $t_0 \in T$ et $n \geq 1$ (resp. n=1) tels que $\gamma^n(t_0)=t_0$. Dans ce cas, on désigne par $|t|$ la <u>distance de t à C</u>

(1.2) $$|t| = \inf\{n \geq 0 ; \gamma^n(t) \in C\} .$$

γ étant représentée par une flèche, la fig. 1-a illustre un arbre non linéaire et sans cycle où les sommets de T ne sont pas indexés et la fig. 1-b un arbre linéaire avec cycle où les sommets de T sont indexés par les entiers supérieurs à -3.

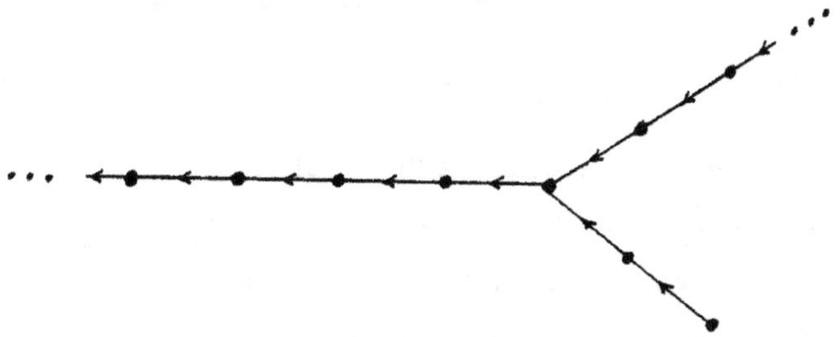

fig. 1-a

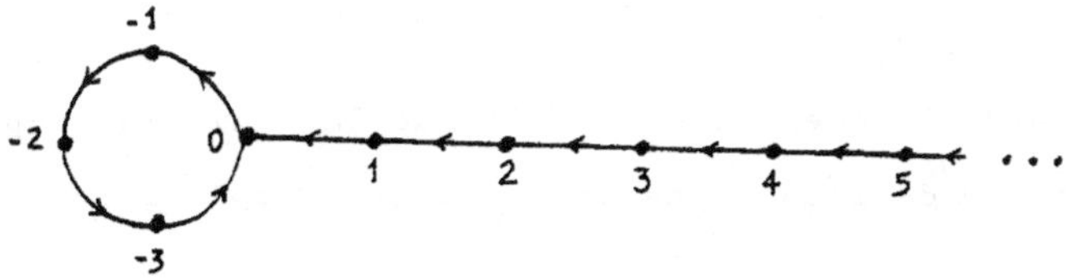

fig. 1-b

1.2. L'application ρ.

Donnons-nous une application $\rho : T \to T$ telle que

(1.3) $\qquad \forall t \in T \quad \rho(t) \leq t.$

Nous supposerons en outre que, lorsque l'arbre (T,γ) a un cycle C, ρ satisfait à

$$(1.3') \qquad \begin{cases} \forall t \in T\setminus C & \gamma^{|t|}(t) \leq \rho(t) \\ \forall t \in C & \rho(t) = \gamma(t). \end{cases}$$

Désignons par $\underline{t} = d(\rho(t),t)$ la distance de t à $\rho(t)$ et par G le groupe des bijections de T dans T. On peut associer à ρ une application $\tau : t \mapsto \tau_t$ de T dans G où τ_t est la permutation circulaire de $(\gamma^{\underline{t}}(t), \gamma^{\underline{t}-1}(t), \ldots, \gamma(t), t)$:

$$(1.4) \qquad \begin{cases} \tau_t(s) = s & \text{si} \quad s \neq \gamma^k(t),\ 0 \leq k \leq \underline{t} \\ \tau_t[\gamma^k(t)] = \gamma^{k+1}(t) & \text{si} \quad 0 \leq k < \underline{t} \\ \tau_t[\rho(t)] = t. \end{cases}$$

On appelle police l'application $\tau : T \to G$; par abus de langage, on appellera également police l'application $\rho : T \to T$ qui caractérise τ.

Soit ensuite un ensemble (de "livres") B de même cardinalité que T et une bijection $e : T \to B$ appelée disposition initiale et supposons que nous ayons fixé une police τ. Si la disposition des livres sur T est caractérisée par une bijection $\pi : T \to B$ et si on choisit un livre b placé en $t = \pi^{-1}(b)$, la nouvelle disposition π', après la remise en place du livre choisi, est définie par

$$\pi' = \pi \circ \tau_t$$

ou, si on veut mettre l'accent sur le fait que la nouvelle disposition π' ne dépend que de l'ancienne disposition π et du livre choisi b,

(1.5) $$\pi' = \pi \circ \tau_{\pi^{-1}(b)} = \pi * b \ .$$

Par conséquent, si aux instants 1,2,... on choisit les livres b_1, b_2, ... on obtiendra les dispositions successives $\pi_0 = e$, $\pi_1 = e * b_1$, $\pi_2 = \pi_1 * b_2$, ...

1.3. <u>Structures au sens large</u>.

T, γ, e, B et ρ ayant été précédemment définis, on a la

Définition 1.1.

On appelle structure (de permutation) au sens large le quintuplet $S = (T, \gamma, e, B, \rho)$. Une structure sera dite linéaire (resp. cyclique, à racine, acyclique) si son arbre associé (T, γ) est linéaire (resp. avec cycle, à racine, sans cycle).

Représenter graphiquement une structure de permutation, c'est représenter simultanément (T, γ, ρ) et une disposition quelconque π des livres (et pas seulement la disposition initiale e). La fig. 2-a illustre, comme indiqué plus haut, un arbre (T, γ); si on représente ρ par une flèche allant de t à $\rho(t)$, comme $\rho(t) \leq t$ l'arbre (T, γ) est orienté et une deuxième flèche représentant γ s'avère donc inutile (fig. 2-b). Il suffit maintenant de placer les livres aux sommets de l'arbre: la fig. 2-c représente une disposition π où on a pris $B = \{0, 1, \ldots, 6\}$. Il est alors facile de déduire de la fig.2-c l'une quelconque des dispositions $\pi * b$ (la fig.2-d représente $\pi * 5$).

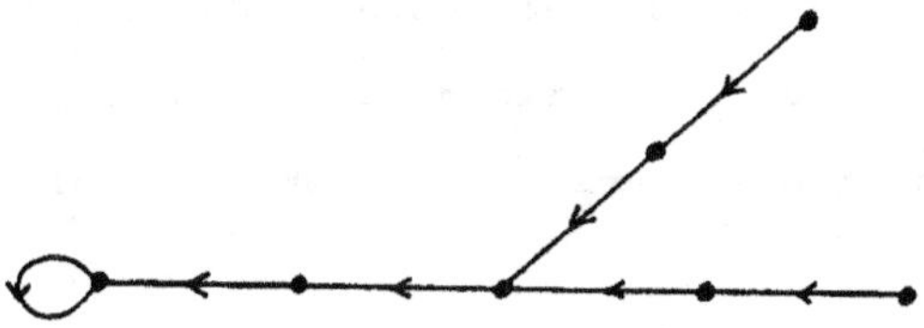

fig. 2-a

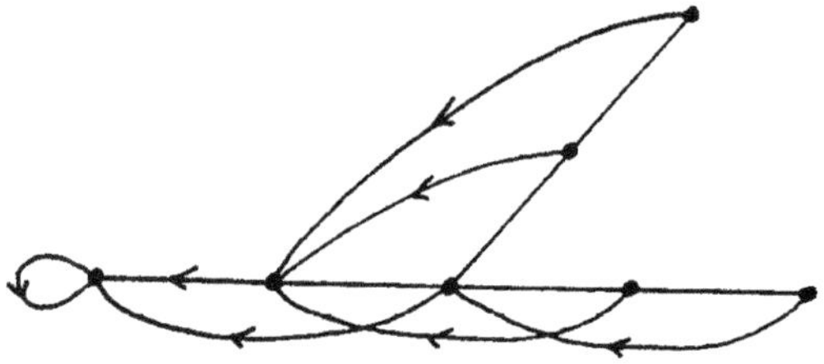

fig. 2-b

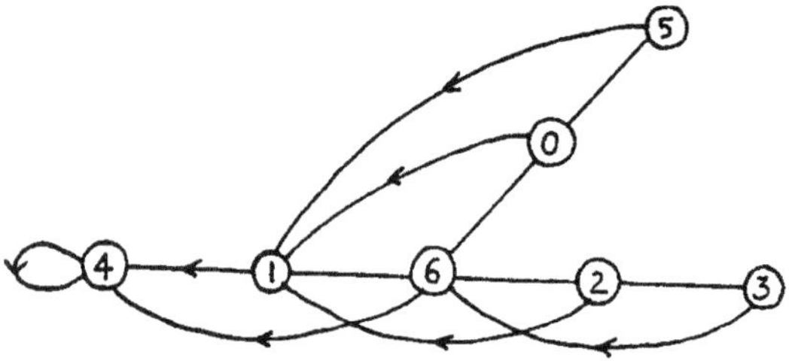

fig. 2-c

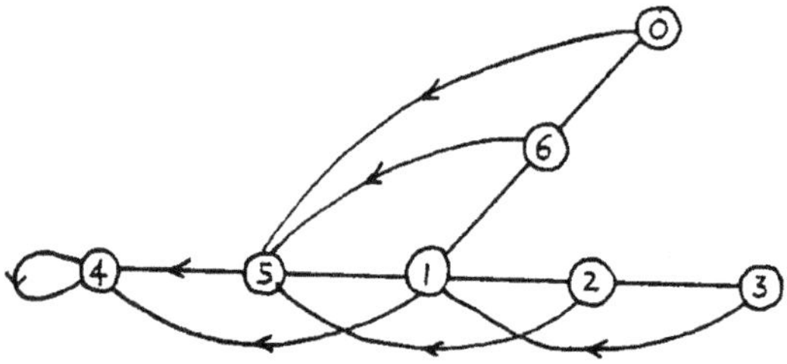

fig. 2-d

2. Exemples de structures de permutation.

Nous donnons dans ce paragraphe une liste de structures fondamentales que nous étudierons par la suite; ces structures portent en général le nom des auteurs qui les ont considérées pour la première fois (et la plupart du temps, dans des cas particuliers).

Exemple 2.1.

Soit $N \in \overline{\mathbb{N}} = \mathbb{N} \cup \{\infty\}$, $[0,N] = \{t \leq N;\ t \in \mathbb{N}\}$ si $N \in \mathbb{N}$ et $[0,\infty] = \mathbb{N}$, et $x^+ = \sup(x,0)$. Prenons $T=B=[0,N] \subset \overline{\mathbb{N}}$, $e:T \to B$ et $\rho(t) = \gamma(t) = (t-1)^+$. Une telle structure où le livre choisi est permuté avec celui qui le précède immédiatement est appelée structure de McCabe (McCabe,1965).

fig. 3

Exemple 2.2.

On généralise les structures de McCabe. (T,γ) étant avec ou sans cycle, e et B étant donnés, on prend $\rho(t) = \gamma(t)$. On obtient les structures de transposition (Letac,1975). La fig. 4-a (resp. 4-b) représente une structure de transposition cyclique (resp. acyclique)

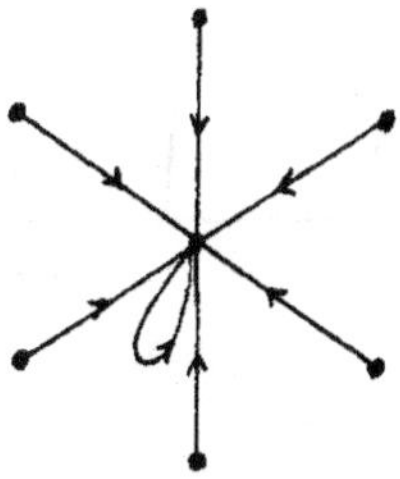

fig. 4-a

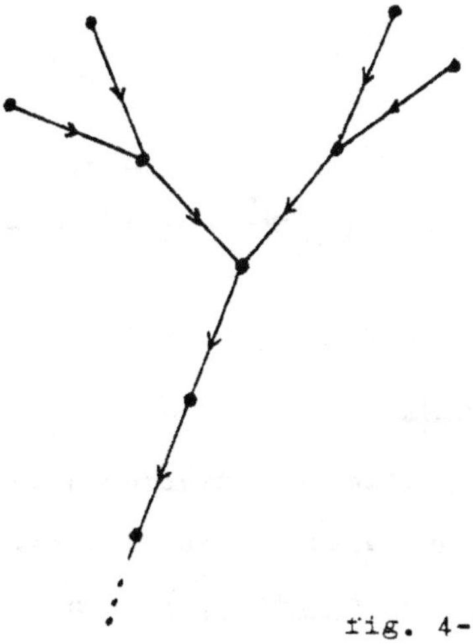

fig. 4-b

Exemple 2.3.

On généralise les structures de transposition. (T,γ,e,B) étant donné et k étant un entier ≥ 1, on prend $\rho(t) = \gamma^k(t)$ avec les conditions (1.3') si (T,γ) a un cycle. On obtient les structures de Rivest (Rivest,1976). La fig.5 représente une structure linéaire de Rivest avec k=2.

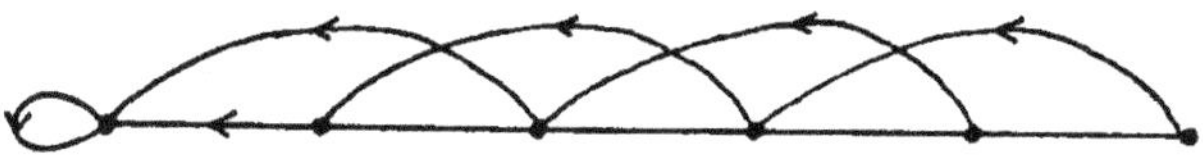

fig. 5

Exemple 2.4.

Prenons $N\in\overline{\mathbb{N}}$, $T=B=[0,N]\subset\overline{\mathbb{N}}$, e fixé, $\gamma(t)=(t-1)^+$ et $\rho(t)=0$. Une telle structure, où le livre choisi est systématiquement replacé au bout de l'étagère, est appelée structure de Tsetlin (Tsetlin, 1963).

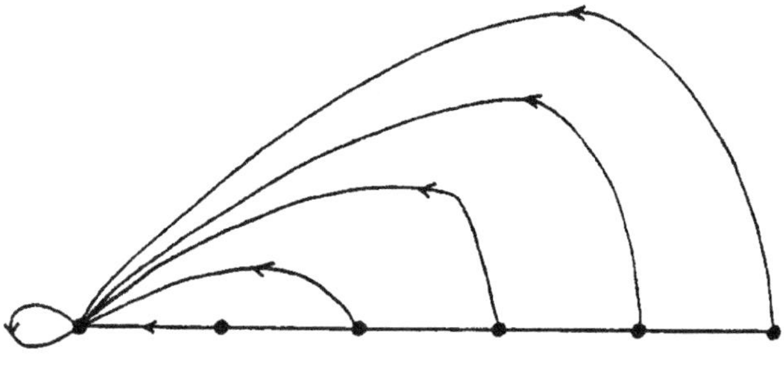

fig. 6

Exemple 2.5.

On généralise les structures de Tsetlin. Soit (T,γ) un arbre de racine ω ; e et B étant donnés, on prend $\rho(t)=\omega$. On obtient les structures de Hendricks (Hendricks,1973).

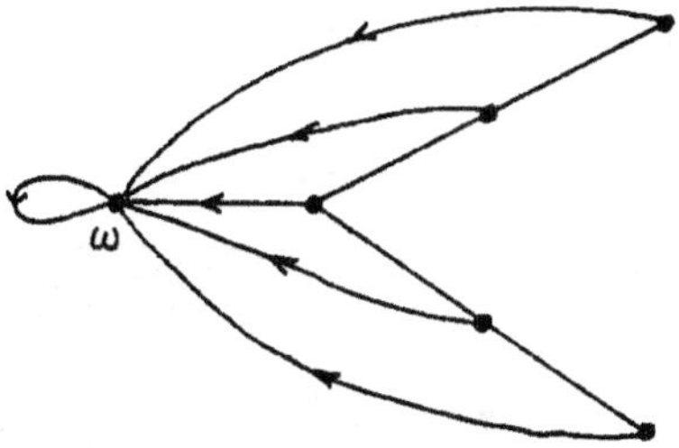

fig. 7

Remarquons qu'il y a des structures qui sont à la fois de transposition et de Hendricks; elles ont une représentation analogue à celle de la fig. 4-a, on les appelle des marguerites.

Exemple 2.6.

On généralise, comme pour les structures de Hendricks mais dans une direction différente, les structures de Tsetlin. On se donne $\omega \in \mathbb{N}$ et $N \in \overline{\mathbb{N}}$ tels que $N > \omega+1$; on prend $T=B=[0,N] \subset \overline{\mathbb{N}}$, $\gamma(t)=(t-1)^+$ et ρ défini comme suit

$$\rho(t) = \begin{cases} t & \text{si} \quad t \in [0,\omega] \\ 0 & \text{si} \quad t \in [\omega+1,N]. \end{cases}$$

Ces structures, introduites par Aven, Boguslavsky et Kogan (1976), caractérisées par ω, N et la disposition initiale e, seront désignées simplement par (e,T^N_ω). Ainsi, (e,T^N_0) désigne une structure de Tsetlin et la fig. 8 représente (e,T^7_3).

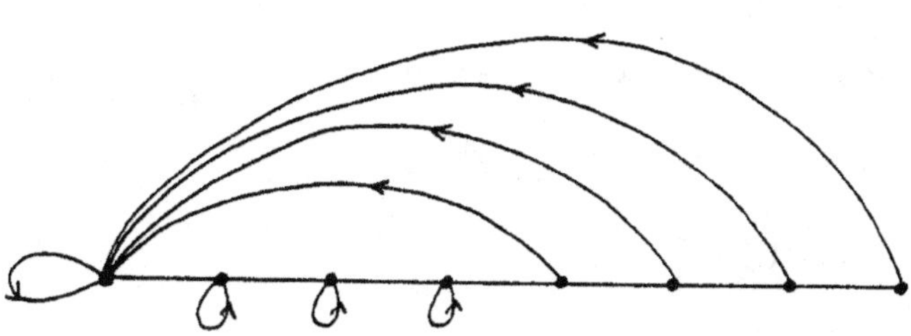

fig. 8

3. Branchement de structures de permutation.

On se donne:

+ Une structure, cyclique ou non, $S_0=(T_0,\gamma_0,e_0,B_0,\rho_0)$; (T_0,γ_0) est appelé arbre principal.

+ Un sous-ensemble de T_0, $\partial T_0=\{\omega_i\}_{i=1}^{N}\subset T_0$ où $N\in\overline{\mathbb{N}}$ avec $N\leq \text{card } T_0$; ∂T_0 est appelé le bord de T_0.

+ N structures à racine $S_i=(T_i,\gamma_i,e_i,B_i,\rho_i)$, $i\in[1,N]$ avec $T_i\cap T_j = B_i\cap B_j = \emptyset$ pour tous i,j distincts de $[0,N]$. (T_i,γ_i) est appelé arbrisseau et on note η_i sa racine; on pose également $T_i^+ = T_i\setminus \eta_i$ et $B_i^+ = e_i(T_i^+)$.

On se propose d'une part, de "greffer" les arbrisseaux (T_i,γ_i) sur l'arbre principal (T_0,γ_0) en plaçant leur racine η_i en $\omega_i\in\partial T_0$; d'autre part, de définir sur cette construction géométrique une police ρ qui conserve pour l'essentiel les polices ρ_i des structures $(S_i)_{i=0}^{N}$. De façon précise, nous avons la

Définition 3.1.

On appelle branchement des structures $(S_i)_{i=1}^{N}$ sur S_0 en ∂T_0, la structure $S=(T,\gamma,e,B,\rho)$ notée $S = S_0-\partial T_0-(S_i)_{i=1}^{N}$ et définie comme suit:

$$T = T_0 \bigcup_{i=1}^{N} T_i^+$$

$$\gamma(t) = \begin{cases} \gamma_0(t) & \text{si} \quad t\in T_0 \\ \gamma_i(t) & \text{si} \quad t\in T_i^+ \quad \text{et} \quad \gamma_i(t)\neq \eta_i \\ \omega_i & \text{si} \quad t\in T_i^+ \quad \text{et} \quad \gamma_i(t)= \eta_i \end{cases}$$

$$B = B_0 \bigcup_{i=1}^{N} B_i^+$$

$$e = e_0 \text{ sur } T_0 \quad \text{et } e_i \text{ sur } T_i^+$$

$$\rho(t)=\begin{cases}\rho_0(t) & \text{si} \quad t\in T_0\\ \rho_i(t) & \text{si} \quad t\in T_i^+ \quad \text{et} \quad \rho_i(t)\neq\eta_i\\ \omega_i & \text{si} \quad t\in T_i^+ \quad \text{et} \quad \rho_i(t)=\eta_i.\end{cases}$$

Exemple fondamental 3.2.

Soit S_0 une structure de transposition (exemple 2.2), $\partial T_0 = \{\omega_i\}_{i=1}^N$ le bord de T_0 et $(S_i)_{i=1}^N$ N structures de Hendricks (exemple 2.5). Le branchement $S = S_0 - \partial T_0 - (S_i)_{i=1}^N$ est appelé structure mixte (Letac, 1975; Arnaud, 1977).

Afin de souligner la forme de la police d'une structure mixte, nous qualifierons son arbre principal d'arbre des transpositions et ses arbrisseaux d'arbrisseaux de Hendricks.

La fig. 9-d représente une structure mixte $S_0 - \partial T_0 - (S_i)_{i=1}^2$: la fig. 9-a montre l'arbre des transpositions (T_0, γ_0) et $\partial T_0 = \{\omega_1, \omega_2\}$; la fig. 9-b (resp. 9-c) la structure de Hendricks S_1 (resp. S_2).

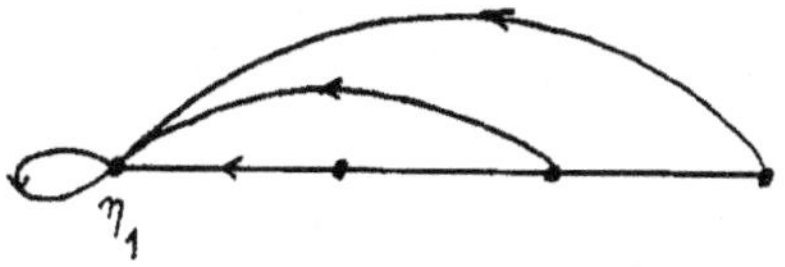

fig. 9-b

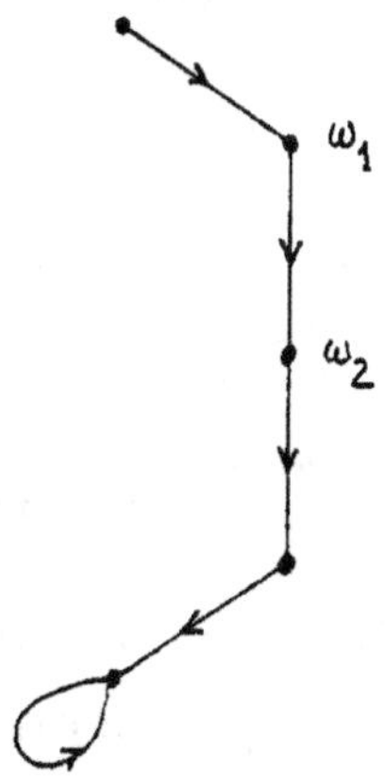

fig. 9-a

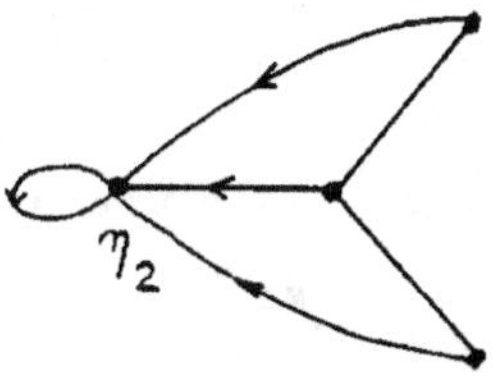

fig. 9-c

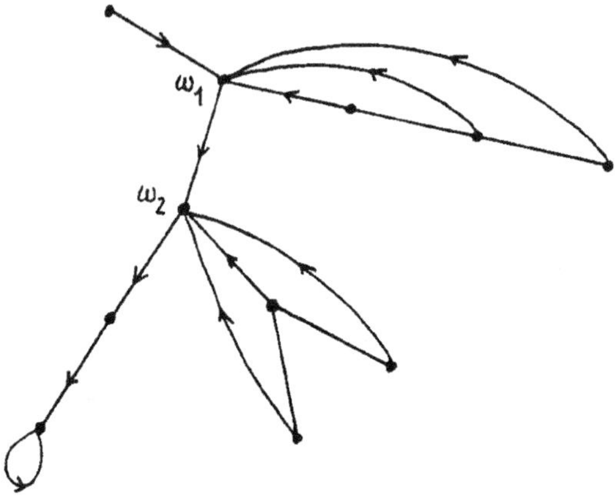

fig. 9-d

Un <u>cas particulier</u> fort important est constitué par les structures mixtes linéaires, branchement d'une structure de Tsetlin sur une structure de McCabe. De façon précise, si $\omega \in \mathbb{N}$ et $N \in \overline{\mathbb{N}}$ avec $N > \omega$, on prend $T=B=[0,N]$, $\gamma(t)=(t-1)^+$ et

$$\rho(t) = \begin{cases} \gamma(t) & \text{si } t \in [0,\omega] \\ \omega & \text{si } t \in [\omega+1,N]. \end{cases}$$

Une telle structure, caractérisée par ω, N et la disposition initiale e, sera notée (e,M_ω^N); la fig. 10 représente (e,M_3^7).

fig. 10

<u>Remarquons</u> que (e,M_0^N) est une structure de Tsetlin et que (e,M_{N-1}^N) est une structure de McCabe; le "cas-limite" (e,M_∞^∞) désignera une structure de McCabe infinie.

4. Mots de passage attachés à une structure.

4.1. Mots: définitions et opérations.

Soit A un ensemble dénombrable (fini ou infini) appelé alphabet dont les éléments $(a_i)_{i=1}^N, N \in \overline{\mathbb{N}}$, sont appelés lettres. Un mot fini sur A est une suite finie $x=x_1x_2\ldots x_n$ où $x_i \in A$ pour $i \in [1,n]$ est la i-ème lettre de x et $n=l(x)$ est sa longueur.

On désignera par

$$x^o \text{ l'alphabet de } x,$$

i.e. l'ensemble des lettres différentes qui composent x et par

$$\Lambda \text{ le mot vide, de longueur nulle.}$$

Si $a \in A$ et $x_i=a$, nous dirons que i est une occurrence de a dans x; si une telle occurrence existe, on appellera naturellement dernière occurrence de a dans x l'indice a/x:

$$(4.1) \qquad a/x = \sup\{ i \in [1,l(x)] \; ; \; x_i=a \} .$$

A^n désigne l'ensemble des mots finis sur A de longueur $n \geq 0$.

A^* désigne l'ensemble de tous les mots finis sur A.

Deux mots x,y de A^* sont égaux si $l(x)=l(y)$ et $x_i=y_i$ pour $i \in [1,l(x)]$.

La concaténation de $x \in A^*$ et $y \in A^*$ (dans cet ordre) est le mot xy de longueur $l(x)+l(y)$ défini comme suit: si $y=\Lambda$, $xy=x$; si $x=\Lambda$, $xy=y$ et si $x \neq \Lambda$ et $y \neq \Lambda$,

$$(4.2) \qquad \begin{cases} (xy)_i = x_i & \text{si } i \in [1,l(x)] \\ (xy)_{l(x)+j} = y_j & \text{si } j \in [1,l(y)] . \end{cases}$$

En particulier si $y \in A^*$, $x=y^N$ désigne la concaténation de N mots identiques à y.

Plus généralement, si $A_1 \subset A^*$ et $A_2 \subset A^*$, on pose

$$(4.3) \qquad A_1A_2 = \{ xy \in A^* \; ; \; x \in A_1 , \; y \in A_2 \} .$$

4.2. Mots de passage et de retour.

Soit maintenant une structure $S=(T,\gamma,e,B,\rho)$. On désigne par E l'ensemble des dispositions des livres sur T, i.e. l'ensemble des bijections de T dans B. L'application $*: E\times B \to E$ ayant été définie en (1.5), nous allons l'étendre par récurrence (en conservant la même notation) en une application $*: E\times B^* \to E$ (observons que les mots de B^* ont pour lettres des livres!) par

(4.4) $$\begin{cases} \pi * \Lambda = \\ \pi * x_1x_2\ldots x_n = (\pi * x_1x_2\ldots x_{n-1})*x_n \end{cases}.$$

Définition 4.1.

Soient π, π' dans E et $x \in B^*$. On dit que x est un mot de passage de π à π' (resp. mot de retour à π) si $\pi*x=\pi'$ (resp. $=\pi$).

On désigne par $R(\pi,\pi')$ (resp. $R(\pi)$) l'ensemble des mots de passage de π à π' (resp. de retour à π).

Définition 4.2.

π et π' étant donnés dans E, on dit que π' est accessible à partir de π si $R(\pi,\pi')\neq\emptyset$. On désigne par E_e l'ensemble de toutes les dispositions accessibles à partir de la disposition initiale e:

(4.5) $$E_e = e * B^* = \{e*x \; ; \; x \in B^*\}.$$

4.3. L'ensemble $R(e,\pi)$.

Un ensemble de mots particulièrement important pour l'étude des structures est R(e), l'ensemble des mots de retour à la disposition initiale e. L'étude de cet ensemble et, plus généralement, l'étude de $R(e,\pi)$, peut se faire à l'aide des

(4.6) $$R^n(e,\pi) = R(e,\pi) \cap B^n \quad (n \geq 0),$$

ensembles des mots de passage de e à π de longueur n. $\sum$ désignant une union d'ensembles disjoints, on a

(4.7) $$R(e,\pi) = \sum_{n=0}^{\infty} R^n(e,\pi) .$$

<u>Une autre partition de $R(e,\pi)$</u> s'avère très utile. Supposons, pour simplifier les notations, que $T=[0,N]$, $N\in\overline{\mathbb{N}}$ et soit

(4.8) $$m(\pi) = \sup\{i\in\mathbb{N} \ ; \ \forall j>i \quad \pi(j)=e(j)\}.$$

Si $R_n(e,\pi)$ désigne l'ensemble des mots de passage de e à π sur l'alphabet

(4.9) $$B_n(\pi) = \{\pi(0),\pi(1),\dots,\pi(n)\},$$

et contenant au moins une occurrence du livre $\pi(n)$:

(4.10) $$R_n(e,\pi) = \{x\in R(e,\pi)\cap B_n^*(\pi) \ ; \ \pi(n)\in x^o\}$$

il est facile de voir que

(4.11) $$R(e,\pi) = \sum_{n=m(\pi)}^{N} R_n(e,\pi).$$

<u>La description des mots de $R(e,\pi)$</u> pour une structure quelconque est un problème difficile. On peut toutefois le résoudre, grâce à la décomposition (4.11), pour certaines structures particulières comme le montre l'exemple suivant.

<u>Exemple 4.3</u>.

Soit (e,T_0^N), $N\in\overline{\mathbb{N}}$, une structure de Tsetlin (exemple 2.4). Notons d'abord que l'examen de la police de cette structure montre qu'on ne peut inverser l'ordre relatif de deux livres qu'en convoquant celui qui est le plus à droite.

Cela étant, soit $n\geq m(\pi)$ (4.8) et $x\in R_n(e,\pi)$ (4.10); puisque $\pi(n)$ appartient à x^o, on peut parler (4.1) de la dernière occurrence de $\pi(n)$ dans x, $\pi(n)/x$. A l'instant $\pi(n)/x$, le livre $\pi(n)$ est situé en O et, nécessairement, le livre $\pi(n-1)$ est à sa droite; mais x étant un mot de passage de e à π, il faudra que $\pi(n-1)$ revienne à gauche de $\pi(n)$. Donc, d'après la remarque précédente, il faudra nécessairement convoquer au moins une fois $\pi(n-1)$ et on aura

$$\pi(n-1)/x > \pi(n)/x \ .$$

En répétant ce raisonnement, il faudra convoquer $\pi(n-2)$, $\pi(n-3)$, ..., $\pi(1)$, $\pi(0)$ et on aura $\pi(n-2)/x < \ldots < \pi(1)/x < \pi(0)/x$.

Par conséquent, si $n \geq m(\pi)$,

$$x \in R_n(e,\pi) \Leftrightarrow \pi(n)/x < \pi(n-1)/x < \ldots < \pi(1)/x < \pi(0)/x.$$

Les mots de $R_n(e,\pi)$ peuvent donc être décrits comme suit: $B_n(\pi)$ ayant été défini en (4.9), on prend un mot quelconque de $B^*_n(\pi)$ jusqu'à la dernière occurrence de $\pi(n)$; puis un mot quelconque de $B^*_{n-1}(\pi)$ jusqu'à la dernière occurrence de $\pi(n-1)$;...; enfin, après la dernière occurrence de $\pi(1)$, un mot quelconque de $B^*_0(\pi)$ jusqu'à la dernière occurrence de $\pi(0)$.

En définitive, pour une librairie de Tsetlin (e,T^N_0), nous avons

(4.12) $$R_n(e,\pi) = B^*_n(\pi)\,\pi(n)B^*_{n-1}(\pi)\,\pi(n-1)\ldots B^*_0(\pi)\,\pi(0). \quad \square$$

5. Structures de permutation (au sens strict).

Nous allons restreindre la classe des structures de permutation définies au paragraphe 1, d'une manière suggérée, plus ou moins explicitement, par différents auteurs (Aho, Denning et Ullman, 1973; Rivest, 1976; Aven, Boguslavsky et Kogan, 1976; Kan et Ross, 1980; Phelps et Thomas, 1980). Une telle restriction présente un caractère arbitraire inévitable; les hypothèses supplémentaires que nous choisissons nous paraissent cependant raisonnables en ce sens qu'elles conduisent à une classe de structures:

+ <u>suffisamment étroite</u> pour éviter des cas pathologiques ou tout au moins des discussions fastidieuses sur des problèmes inessentiels à la compréhension des structures,

+ <u>suffisamment large</u> puisqu'elle contient (parmi beaucoup d'autres!) tous les exemples de structures envisagés dans la littérature.

<u>Définition 5.1</u>.
Une structure de permutation (au sens large) $S=(T,\gamma,e,B,\rho)$ est une <u>structure</u> (<u>de permutation</u>) <u>au sens strict</u> si elle satisfait aux deux hypothèses supplémentaires suivantes:

1. L'ensemble E_e défini en (4.5) est l'ensemble de toutes les bijections de T dans B qui ne diffèrent de e que sur un nombre fini de places (en particulier, si $T=B=[0,N]$, $N\in\mathbb{N}$, $E_e=\mathfrak{S}_{N+1}$, le groupe symétrique à N+1 variables).

2. La police ρ vérifie les propriétés suivantes: il existe une partie finie F de T, appelée <u>mémoire principale</u>, stable par γ ($\gamma(F)\subset F$), vide si S est acyclique et contenant C si S a un cycle C, telle que

$\rho(t)=\gamma(t)$ si $t\in C$,
$\rho(t)=t$ si $t\in F\setminus C$,
la restriction de ρ à $T\setminus F$ est <u>croissante</u>.

Le lecteur pourra s'assurer facilement que toutes les structures (de Rivest, (e,T_ω^N) et mixtes) considérées dans ce chapitre sont des structures de permutation au sens strict. Ainsi, par exemple, les structures (e,T_ω^N) de l'exemple 2.6 ont pour mémoire principale $F=[0,\omega]$.

Il est facile de déduire de la définition 5.1 d'autres propriétés des structures de permutation au sens strict; nous avons par exemple la proposition suivante.

<u>Proposition 5.2</u>.

La police ρ d'une structure de permutation au sens strict satisfait à:

1. $\forall t \in T\setminus F \quad \rho(t) < t$.
2. Si $F \neq \emptyset$ et $t \in T\setminus F$, $\rho(t) \notin F\setminus C$ (en particulier, si $\gamma(t) \in F$, alors $\rho(t) = \gamma^{|t|}(t) \in C$).

<u>Démonstration</u>.

Les points 1 et 2 se démontrent de manière identique; démontrons par exemple le premier. Supposons qu'on ait $t \in T\setminus F$ avec $\rho(t)=t$ et posons $T_t = \{s \in T \; ; \; t \leq s\}$. Puisque ρ est croissante sur $T\setminus F$, on a $\rho(T_t) \subset T_t$ et puisque $\rho(t) \leq t$, $\rho(T\setminus T_t) \subset T\setminus T_t$.
Par conséquent, un livre initialement situé en $T\setminus T_t$ ne pourra jamais en sortir et E_e ne sera pas l'ensemble de toutes les dispositions qui ne diffèrent de e que sur un nombre fini de places. □

<u>A partir de maintenant</u>, nous entendrons par structure une structure de permutation au sens strict.

Chapitre 2

LIBRAIRIES, LIBRAIRIES STATIONNAIRES.

Nous avons vu au chapitre 1 qu'une structure permettait de suivre l'évolution au cours du temps des dispositions des livres sur T en fonction de la suite des livres choisis par un lecteur. Nous allons maintenant supposer que le choix du lecteur présente un caractère aléatoire: $p = (p_b)_{b \in B}$ étant une probabilité sur les livres, le lecteur choisira à chaque instant, et indépendamment du choix précédent, un livre selon cette probabilité. La suite des dispositions des livres sur T est alors une chaîne de Markov appelée librairie et dont nous allons étudier quelques propriétés essentielles aux paragraphes 1 et 2; le paragraphe 3, plus technique mais aussi plus original, sera consacré au problème de la construction des librairies finies stationnaires.

1. Définition et premières propriétés des librairies.

On se donne:

+ Une structure $S=(T,\gamma,e,B,\rho)$ dont tous les éléments (en particulier l'application $*:E \times B^* \to E$) ont été définis au chapitre 1.

+ Une probabilité $p=(p_b)_{b \in B}$ sur B telle que $p_b > 0$ pour tout $b \in B$.

+ Une suite $(X_n)_{n=1}^{\infty}$ de variables aléatoires (v.a.) à valeurs dans B, indépendantes et équidistribuées telles que $P(X_n=b)=p_b$.

Définition 1.1.

On appelle librairie (S,p) la chaîne de Markov homogène $(Y_n)_{n=0}^{\infty}$ définie par:

$$\begin{cases} Y_0 = e \\ Y_{n+1} = Y_n * X_{n+1} \quad (n > 0). \end{cases}$$

Si la structure associée à une librairie porte un nom particulier, nous conserverons cette appellation pour la librairie: ainsi par exemple, si S est une structure mixte (S,p) est une librairie mixte.

Il est clair que l'espace d'états d'une librairie (S,p) est l'ensemble E_e (1.4.5) de toutes les dispositions accessibles à partir de la disposition initiale e, i.e., d'après la définition 1.5.1, l'ensemble dénombrable E_e de toutes les bijections de T dans B qui ne diffèrent de e que sur un nombre fini de places.

Proposition 1.2.

Toute librairie (S,p) est indécomposable et irréductible.

Démonstration.

C'est une conséquence immédiate du fait suivant: soit $\pi \in E_e$ et $S'=(T,\gamma,\pi,B,\rho)$ la même structure que S où la disposition initiale n'est plus e mais π ; alors l'ensemble E_π des dispositions accessibles à partir de π est l'ensemble de toutes les bijections de T dans B qui ne diffèrent de π que sur un nombre fini de places et donc $e \in E_\pi$. Par conséquent, si π est accessible à partir de e, e est accessible à partir de π . □

Les chaînes (S,p) étant irréductibles, se pose le problème de leur périodicité. Rappelons que, puisque $\rho(t) \leq t$, on peut noter, conformément à (1.1.1), $\underline{t} = d(\rho(t),t)$ la distance de t à $\rho(t)$.

On a alors la

Proposition 1.3.

1. Une librairie (S,p) est de période $d = \mathrm{PGCD}(\underline{t}+1)_{t \in T}$.

2. Toute librairie à structure cyclique est apériodique (à l'exception des librairies de transposition dont le cycle contient plus d'un élément qui sont de période 2).

Démonstration.

1. C'est une conséquence immédiate de la définition de la périodicité.

2. S étant une structure cyclique, C désigne son cycle et F sa mémoire principale.

Supposons d'abord que C soit une racine (ou que $F \setminus C \neq \emptyset$); alors, pour $t \in C$ (ou $t \in F \setminus C$) on a $\underline{t} = 0$ et la librairie est apériodique d'après le point 1.

Supposons ensuite que $F = C$, où C a plus d'un élément; alors, pour tout $t \in C$, $\underline{t} = 1$.

Si la librairie (S,p) est de transposition, $\underline{t} = 1$ pour tout $t \in T$ et la chaîne est de période 2 d'après le point 1.

Si (S,p) n'est pas de transposition, alors il existe $t \in T \setminus C$ avec $\underline{t} > 1$ et on peut supposer, sans perte de généralité, que

$$\underline{t} = \sup\{\underline{s} \ ; \ s \leq t\} .$$

Observons que, puisque $\rho(t) \leq t$, $\underline{\gamma(t)} = \underline{t}$ ou $\underline{t}-1$.

Alors se présentent deux cas: $|t|$ étant la distance de t à C, ou bien il existe $k \in [1, |t|-\underline{t}]$ tel que $\underline{\gamma^k(t)} = \underline{t}-1$, ou bien $\underline{\gamma^k(t)} = \underline{t}$ pour tout $k \in [1, |t|-\underline{t}]$ mais dans ce cas on a forcément

$$\underline{\gamma^{|t|-\underline{t}+1}(t)} = \underline{t} - 1 .$$

Par conséquent, dans tous les cas, il existe $s \leq t$ avec $\underline{s}=\underline{t}-1$, ce qui implique l'apériodicité de la chaîne d'après le point 1. □

2. Mots de passage attachés à une librairie.

Les mots de passage attachés à une librairie (S,p) sont les mots de passage attachés à la structure S tels que nous les avons étudiés au paragraphe 1.4. Comme une librairie est caractérisée non seulement par sa structure S mais aussi par la probabilité p sur B, nous allons, afin de préciser certaines propriétés des mots de passage, étendre par récurrence p, en conservant la même notation, en une application $p: B^* \to]0,1]$ comme suit

$$(2.1)\qquad \begin{cases} p(\Lambda) = 1 \\ p(x_1 x_2 \ldots x_{n-1} x_n) = p(x_1 x_2 \ldots x_{n-1}) p_{x_n} . \end{cases}$$

Nous poserons de plus, $X \subset B^*$ étant un ensemble de mots,

$$(2.2)\qquad Q(X) = \sum \{p(x) \; ; \; x \in X\} \leq \infty .$$

Il est clair que, A et B étant deux parties de B^*, on a

$$(2.3)\qquad Q(AB) = Q(A)Q(B).$$

Parmi les ensembles de mots attachés à une structure, nous avons vu que l'un des plus importants est l'ensemble R(e) des mots de retour à l'état initial e. On a vu aussi (1.4.7),(1.4.11), que $R(e,\pi)$ pouvait, lorsque $T = \mathbb{N}$, être décomposé à l'aide des sous-ensembles $\{R^n(e,\pi)\}_{n=0}^{\infty}$ et $\{R_n(e,\pi)\}_{n=m(\pi)}^{\infty}$:

$$R(e,\pi) = \sum_{n=0}^{\infty} R^n(e,\pi) = \sum_{n=m(\pi)}^{\infty} R_n(e,\pi).$$

On pose, pour π, π' dans E_e,

$$(2.4)\qquad Q(\pi,\pi') = Q[R(\pi,\pi')].$$

et, plus particulièrement,

$$(2.4')\qquad \begin{cases} Q(e,\pi) = Q[R(e,\pi)] \; ; \; Q(e) = Q(e,e) \\ Q^n(e,\pi) = Q[R^n(e,\pi)] \; ; \; Q^n(e) = Q^n(e,e) \end{cases}$$

$$\left\{ Q_n(e,\pi) = Q[R_n(e,\pi)] \; ; \; Q_n(e) = Q_n(e,e). \right.$$

Remarquons que $Q^n(e,\pi)$ (resp. $Q^n(e)$) est la probabilité de passage de e à π (resp. de retour à l'état initial) en n étapes.

Nous avons alors

(2.5) $$Q(e,\pi) = \sum_{n=0}^{\infty} Q^n(e,\pi) = \sum_{n=m(\pi)}^{\infty} Q_n(e,\pi)$$

(2.5') $$Q(e) = \sum_{n=0}^{\infty} Q^n(e) = \sum_{n=0}^{\infty} Q_n(e), \text{ puisque } m(e)=0.$$

Une librairie (S,p) étant une chaîne irréductible (proposition 1.2) sera <u>transiente</u> si et seulement si $Q(e)<\infty$; on déduit alors de (2.5') le critère suivant de transience.

<u>Proposition 2.1</u>.

Soit (S,p) une librairie telle que $T = \mathbb{N}$. (S,p) est transiente si et seulement si $\sum_{n=0}^{\infty} Q_n(e) < \infty$.

Appliquons ce critère à un exemple simple, les librairies de Tsetlin infinies: nous trouverons bien sûr la condition nécessaire et suffisante de transience de ces chaînes (Letac,1974) mais nous pourrons aussi mettre en place quelques notations qui nous seront utiles par la suite.

<u>Exemple 2.2</u>.

Soit (e,T_0^∞,p) une librairie de Tsetlin infinie (exemples 1.2.4 et 1.2.6). On a vu en (1.4.12) que, $B_n(\pi)$ ayant été défini en (1.4.9), pour $n \geq m(\pi)$,

$$R_n(e,\pi) = B_n^*(\pi)\,\pi(n) B_{n-1}^*(\pi)\,\pi(n-1)\dots B_0^*(\pi)\,\pi(0).$$

Donc, en utilisant (2.3),

$$Q_n(e,\pi) = \prod_{k=0}^{n} Q\left[B_k^*(\pi)\right] . \, p_{\pi(k)} \; .$$

Si on pose

$$(2.6) \qquad s_n(\pi) = Q\left[B_n(\pi)\right] = \sum_{k=0}^{n} p_{\pi(k)},$$

il vient

$$Q\left[B_n^*(\pi)\right] = \sum_{k=0}^{\infty} Q\left[B_n(\pi)\right]^k = \left[1 - s_n(\pi)\right]^{-1}.$$

Par conséquent,

$$(2.7) \qquad Q_n(e,\pi) = \prod_{k=0}^{n} \frac{p_{\pi(k)}}{1 - s_k(\pi)}$$

et (e, T_0^{∞}, p) est <u>transiente si et seulement si</u>

$$(2.8) \qquad \sum_{n=0}^{\infty} \prod_{k=0}^{n} \frac{p_{e(k)}}{1 - s_k(e)} < \infty .$$

Afin de construire facilement des <u>exemples</u> de librairies de Tsetlin transientes ou récurrentes, il est bon d'introduire la <u>bijection</u>

$$(2.9) \qquad \varphi : \quad p = \left(p_{e(k)}\right)_{k=0}^{\infty} \longmapsto q = \left(q_k = \frac{p_{e(k)}}{1 - s_k(e)}\right)_{k=0}^{\infty}$$

entre les deux ensembles

$$\underline{P} = \left\{(p_k)_{k=0}^{\infty} \; ; \; p_k > 0, \quad \sum_{k=0}^{\infty} p_k = 1\right\}$$

et

$$\underline{Q} = \left\{(q_k)_{k=0}^{\infty} \; ; \; q_k > 0, \quad \sum_{k=0}^{\infty} q_k = \infty\right\}.$$

Remarquons que l'application inverse φ^{-1} est donnée par:

$$p_{e(k)} = q_k \cdot \prod_{i=0}^{k} (1+q_i)^{-1}.$$

Prenons par exemple $q \in \underline{Q}$ tel que $q_k = 1$ $(k \in \mathbb{N})$; alors $p = \varphi^{-1}(q)$ est telle que $p_{e(k)} = 2^{-k-1}$ $(k \in \mathbb{N})$.

Comme $\sum_{n=0}^{\infty} q_0 q_1 \cdots q_n = \infty$, (e, T_0^{∞}, p) est récurrente.

Prenons ensuite $q \in \underline{Q}$ tel que $q_k = 1/k+1$ $(k \in \mathbb{N})$; alors $p = \varphi^{-1}(q)$ est telle que $p_{e(k)} = 1/(k+1)(k+2)$ $(k \in \mathbb{N})$.

Comme $\sum_{n=0}^{\infty} q_0 q_1 \cdots q_n < \infty$, (e, T_0^{∞}, p) est transiente.

3. Librairies stationnaires.

3.1. Définitions.

Considérons une librairie *finie* $(S,p) = (Y_n)_{n=0}^{\infty}$, où $T=B=[0,N]$, $N \in \mathbb{N}$. Cette chaîne étant finie et irréductible est récurrente positive; elle admet par conséquent une distribution stationnaire U qui, à tout état $\pi \in \mathfrak{S}_{N+1}$ associe un nombre positif $U(\pi)$.
L'espace d'états continuant d'être $\mathfrak{S}_{N+1}$, si, au lieu de prendre $Y_0 = e$, on prend Y_0 réparti suivant la distribution stationnaire U, il devient alors possible de considérer le processus $(Y_n)_{n \in -\mathbb{N}}$, indexé par l'ensemble $-\mathbb{N}$ des entiers négatifs ou nuls, qu'on appellera librairie stationnaire associée à (S,p).

Définition 3.1.
Soient (S,p) une librairie finie où $T=B=[0,N]$, $N \in \mathbb{N}$, admettant $U(\pi)$, $\pi \in \mathfrak{S}_{N+1}$, pour distribution stationnaire, et $(X_{-n})_{n=0}^{\infty}$ une suite de v.a. indépendantes et de même loi sur B, $P(X_{-n}=b)=p_b$.
On appelle *librairie stationnaire* associée à (S,p), la chaîne de Markov $(S,p)^{\infty} = (Y_{-n})_{n=0}^{\infty}$, à valeurs dans $\mathfrak{S}_{N+1}$, définie par:

1. $P(Y_0 = \pi) = U(\pi)$ $\quad (\pi \in \mathfrak{S}_{N+1})$
2. $Y_{-n+1} = Y_{-n} * X_{-n+1}$ $\quad (n \geq 1)$.

Remarquons qu'on peut remplacer dans la définition précédente la condition 1 par

1'. $P(Y_{-n+1} = \pi) = P(Y_{-n} = \pi) \qquad (\pi \in \mathfrak{S}_{N+1},\ n \geq 1)$.

On associe à une librairie stationnaire $(S,p)^{\infty}$ son <u>espace des suites</u> B^{∞}, i.e. l'ensemble des applications de $-\mathbb{N}$ dans B ou encore l'ensemble des <u>mots infinis à gauche</u> sur B,

(3.1) $\quad x \in B^{\infty} \iff x = \ldots x_{-n}x_{-n+1}\ldots x_{-2}x_{-1}x_{0},\quad x_i \in B.$

On définit pour un tel mot $x \in B^{\infty}$,

(3.2) $\quad Tx = \ldots x_{-n-1}x_{-n}\ldots x_{-3}x_{-2}x_{-1} \in B^{\infty}$

et, par récurrence,

(3.3) $\quad T^{k+1}x = T.T^{k}x \quad \text{avec} \quad T^{0}x = x \quad \text{et} \quad T^{1}x = Tx.$

On définit aussi:

(3.4) $$\begin{cases} x^{(0)} = \Lambda \\ x^{(k)} = x_{-k+1}x_{-k+2}\ldots x_{-1}x_{0} \in B^{k} \quad (k \geq 1). \end{cases}$$

Si $y \in B^{\infty}$ et $z \in B^{*}$ (z est un mot fini!), la <u>concaténation</u> de y et z est le mot

(3.5) $\quad x = yz \in B^{\infty} \quad \text{tel que} \quad T^{l(z)}x = y \quad \text{et} \quad x^{(l(z))} = z$.

De plus, si $C \subset B^{\infty}$ et $D \subset B^{*}$, on pose

(3.6) $\quad CD = \{yz \in B^{\infty}\ ;\ y \in C,\ z \in D\}$.

Un des problèmes les plus intéressants concernant les librairies stationnaires est le suivant: définir une chaîne de Markov dénombrable à partir de son espace des suites est une construction standard (Kemeny, Snell et Knapp, 1966, ch.2). Quand on a affaire à une librairie stationnaire $(S,p)^{\infty}$, son espace d'états $E_e = \mathfrak{S}_{N+1}$

est lié à l'ensemble des livres $B = [0,N]$ par l'application $*$ de $E_e \times B$ dans E_e. On peut alors se demander s'il est possible de construire la librairie stationnaire $(S,p)^\infty$, i.e. les <u>deux</u> suites de v.a. $(X_{-n})_{n=0}^\infty$ à valeurs dans B et $(Y_{-n})_{n=0}^\infty$ à valeurs dans $\mathfrak{S}_{N+1}$, à partir du <u>seul ensemble</u> B, ou plus exactement, à partir de l'espace des suites B^∞. C'est à cette construction, qui n'avait été faite (Dies, 1982b) que pour les librairies $(e,T_\omega^N,p)^\infty$ avec $N \geq 3\omega+2$, qu'est consacrée la suite du paragraphe.

3.2. <u>Théorème de "remise au zéro"</u>.

On voit tout de suite qu'un des éléments essentiels de la construction de $(S,p)^\infty$ à partir de B^∞ est la possibilité de déterminer, presque surement mais sans ambiguïté, l'état $Y_0 \in \mathfrak{S}_{N+1}$ à partir de l'examen d'un mot infini $x \in B^\infty$, autrement dit d'une réalisation du processus $(X_{-n})_{n=0}^\infty$.

Mais cette possibilité est liée à la présence, dans x, d'un bloc ε ($\varepsilon \in B^*$ est un mot fini) capable d'"effacer" toutes les lettres de x qui le précèdent, i.e. tel qu'après sa convocation on puisse déterminer l'état de la structure et cela <u>indépendamment</u> de l'infinité de lettres qui précédaient ε dans x.

Ceci nous conduit à la définition suivante.

<u>Définition 3.2</u>.

$(S,p)^\infty$ étant une librairie stationnaire, on dit que $\varepsilon \in B^*$ est un <u>mot de remise au zéro</u> pour la structure S si

$$\forall \pi \in \mathfrak{S}_{N+1} \qquad \pi * \varepsilon = e .$$

Remarquons que l'existence d'un mot de remise au zéro n'est pas une propriété vraie pour toutes les structures comme le montre le résultat suivant.

Théorème 3.3.

Il n'existe pas en général de mot de remise au zéro pour les structures

1. non linéaires,

2. linéaires dont le cycle a plus d'un élément.

Démonstration.

1. Considérons une marguerite à 3 livres où T=B=[0,2] (fig.11a) son diagramme d'états est représenté à la fig.11-b où $\alpha\beta\gamma$ désigne la disposition π telle que $\pi^{-1}(0)=\alpha$, $\pi^{-1}(1)=\beta$, $\pi^{-1}(2)=\gamma$ et où $\pi \xrightarrow{\alpha} \pi'$ signifie que $\pi' = \pi * \alpha$.

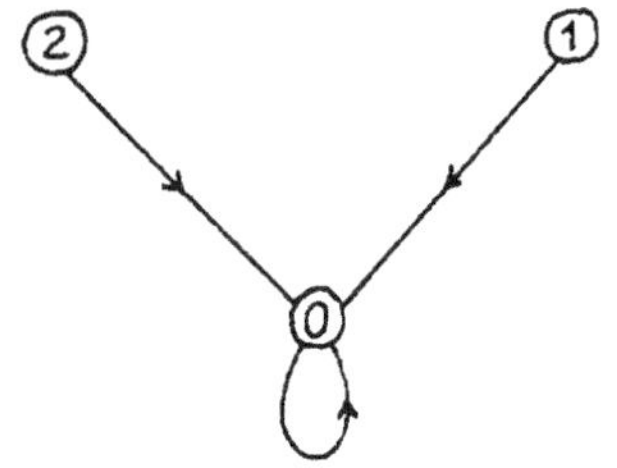

fig. 11-a

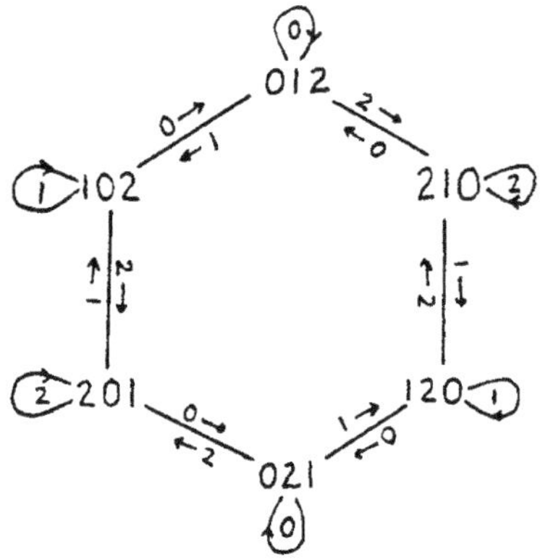

fig. 11-b

Si $\pi \in \mathfrak{S}_3$, on note $\overline{\pi}$ le symétrique de π par rapport au centre de l'hexagone de la fig. 11-b (i.e. $\overline{\alpha\beta\gamma} = \alpha\gamma\beta$).

Il est facile de vérifier que

$$\forall \pi \in \mathfrak{S}_3 \quad \forall b \in B \qquad \overline{\pi} * b = \overline{\pi * b}$$

Il n'y a donc pas de mot de remise au zéro puisque $\overline{e} \neq e$.

2. Considérons une structure de transposition à 3 livres avec T=B=[0,2] et où (T,γ) se réduit à un cycle (fig. 12-a); la fig. 12-b représente son diagramme d'états.

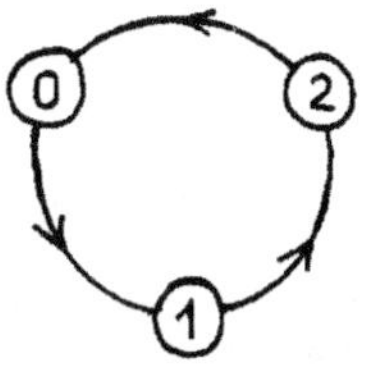

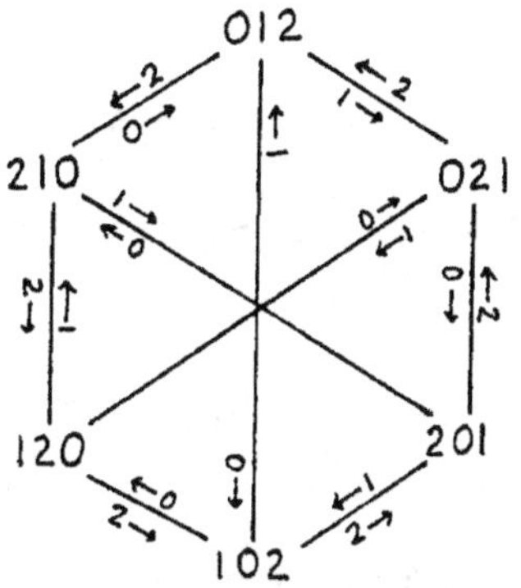

fig. 12-a   fig. 12-b

Il est facile de voir à partir du diagramme d'états que pour tout $b \in B$, l'application $\pi \longmapsto \pi * b$ est injective; il ne saurait donc y avoir de mot de remise au zéro. □

Le résultat suivant montre l'existence d'un mot de remise au zéro pour toutes les structures qui n'ont pas été écartées par le théorème 3.3.

<u>Théorème 3.4</u>.

Toute structure finie, linéaire et à racine possède un mot de remise au zéro.

<u>Démonstration</u>.

Soit S une structure linéaire à racine avec $T=B=[0,N]$, $N \in \mathbb{N}$, de cycle $\{0\}$ et de mémoire principale $F=[0,\omega]$; observons qu'à l'exception du cas trivial (e,T_0^1) pour lequel $\varepsilon = e(0)$ est un évident mot de remise au zéro, on doit avoir $N > \omega+1$ (i.e. $T \setminus F$ contient au moins deux éléments) si l'on veut que $E_e = \mathfrak{S}_{N+1}$.

La démonstration se fait en cinq points.

<u>a</u>. Soit $\pi_1 \in \mathfrak{S}_{N+1}$, a et b deux livres, $x=b^N$ et $\pi_2 = \pi_1 * x$. On déduit aisément de la définition de S et de la proposition

1.5.2 que

$$\text{si } \pi_1^{-1}(b) \leq \omega, \quad \pi_2 = \pi_1;$$

$$\text{si } \pi_1^{-1}(b) > \omega, \quad \pi_2^{-1}(b) = 0$$

$$\pi_2^{-1}(a) = \begin{cases} \pi_1^{-1}(a) & \text{si } \pi_1^{-1}(b) < \pi_1^{-1}(a) \\ \pi_1^{-1}(a)+1 & \text{si } \pi_1^{-1}(a) < \pi_1^{-1}(b). \end{cases}$$

<u>b</u>. Soit $k \in [0,\omega]$; nous dirons que $\pi \in \mathfrak{S}_{N+1}$ est <u>k-invariant</u> si $i = \pi(i)$ pour tout $i \in [0,k]$.

Posons, pour $k \in [-2,\omega-1]$,

$$\xi(k) = N^N.(N-1)^N.\ldots.(k+3)^N.(k+2)^N$$

et pour $\pi_1 \in \mathfrak{S}_{N+1}$ k-invariant avec $k < \omega$,

$$\pi_2 = \pi_1 * \xi(k)^N.$$

On déduit de <u>a</u> que

$$\pi_2^{-1}(0)=N-k-1, \pi_2^{-1}(1)=N-k, \ldots, \pi_2^{-1}(k)=N-1, \pi_2^{-1}(k+1)=N$$

autrement dit

$$\forall i \in [0,k+1] \qquad \pi_2^{-1}(i) = N-k-1+i .$$

En effet, quand on a appliqué une fois $\xi(k)$, le bloc de livres $[0,k]$ se retrouve décalé d'<u>au moins une</u> place vers la droite. En répétant N fois cette opération, on est sûr que le bloc $[0,k]$ sera décalé jusqu'à l'extrémité droite de $T=[0,N]$.

<u>c</u>. Soit $k \in [0,\omega]$; nous dirons que $\sigma(k) \in B^*$ est un <u>k-stabilisateur</u> si, quel que soit $\pi \in \mathfrak{S}_{N+1}$, $\pi * \sigma(k)$ est k-invariant.

Prenons une disposition arbitraire $\pi \in \mathfrak{S}_{N+1}$; d'après <u>b</u>,

$$[\pi * \xi(-1)^N]^{-1}(0) = N > \omega$$

et donc, d'après <u>a</u>,

$$\sigma(0) = \xi(-1)^N.0^N$$

est un 0-stabilisateur.

d. Soit $k < \omega$ et supposons qu'il existe un k-stabilisateur $\sigma(k)$. Alors d'après b, si $\pi_1 \in \mathfrak{S}_{N+1}$ est une disposition quelconque et si on pose

$$\pi_2 = \pi_1 * \sigma(k).\xi(k)^N$$

on a

$$\pi_2^{-1}(0)=N-k-1,\dots,\pi_2^{-1}(k)=N-1,\pi_2^{-1}(k+1)=N$$

et donc, en utilisant k+2 fois a,

$$\sigma(k+1) = \sigma(k).\xi(k)^N.(k+1)^N k^N\dots 1^N 0^N$$

est un (k+1)-stabilisateur.

On déduit alors de c que pour tout $k \in [0,\omega]$, il existe un k-stabilisateur $\sigma(k)$.

e. D'après d, $\sigma(\omega)$ étant un ω-stabilisateur, on a, pour tout $\pi \in \mathfrak{S}_{N+1}$,

$$\forall i \in [0,\omega] \qquad [\pi * \sigma(\omega)]^{-1}(i) = i$$

et donc

$$\forall j > \omega \qquad [\pi * \sigma(\omega)]^{-1}(j) > \omega .$$

Alors, en utilisant $N-\omega$ fois a, il vient

$$\forall j \in [1,N-\omega] \qquad [\pi * \sigma(\omega)\xi(\omega-1)]^{-1}(\omega+j) = j-1$$

mais aussi

$$\forall i \in [0,\omega] \qquad [\pi * \sigma(\omega)\xi(\omega-1)]^{-1}(i) = N-\omega+i.$$

Il suffit alors d'utiliser $\omega+1$ fois a pour voir que

$$\begin{aligned} \varepsilon &= \sigma(\omega)\xi(\omega-1)\,\omega^N(\omega-1)^N\dots 1^N 0^N \\ &= \sigma(\omega)\xi(-2) \end{aligned}$$

est un mot de remise au zéro. □

3.3. Construction de $(S,p)^\infty$ à partir de B^∞.

Nous ne considèrerons jusqu'à la fin du paragraphe que des librairies stationnaires $(S,p)^\infty$ dont la structure est linéaire et à racine. Etant donné l'espace des suites B^∞, on désignera, conformément à (3.6), les cylindres

$$\{x \in B^\infty ; \quad x_{-n-k}=a_0, x_{-n-k+1}=a_1, \ldots, x_{-k}=a_n\}$$

par

$$B^\infty w B^k \quad \text{où} \quad w = a_0 a_1 \ldots a_n \in B^{n+1}. \tag{3.7}$$

On peut construire de façon standard un espace de probabilité $(B^\infty, \mathcal{A}, P)$ où P est définie sur les cylindres (3.7) par

$$P(B^\infty w B^k) = p(w), \tag{3.8}$$

$p(.)$ ayant été défini en (2.1).

Les v.a. X_{-n}: la définition (3.8) de P implique évidemment que la suite $(X_{-n})_{n=0}^\infty$ des applications $X_{-n}: B^\infty \to B$ définies par

$$\begin{cases} X_0(x) = X_0(\ldots x_{-n}x_{-n+1}\ldots x_{-2}x_{-1}x_0) = x_0 \\ X_{-n}(x) = X_0(T^n x) = x_{-n} \end{cases} \tag{3.9}$$

est une suite de v.a. indépendantes, de même loi sur B,

$$P(X_{-n}=b) = p_b.$$

L'ensemble B_ε^∞ : considérons maintenant, ε étant un mot de remise au zéro pour la structure S (théorème 3.4), les cylindres

$$B_\varepsilon^\infty(n) = B^\infty \varepsilon B^n$$

et l'ensemble mesurable

$$B_\varepsilon^\infty = \bigcap_{N \geq 0} \bigcup_{n \geq N} B_\varepsilon^\infty(n) \tag{3.10}$$

B_ε^∞ étant l'ensemble des mots de B^∞ contenant une infinité de blocs ε, on peut définir par récurrence, pour $x \in B_\varepsilon^\infty$, la suite infinie d'entiers $(\varepsilon_k/x)_{k=0}^\infty$ représentant les occurrences successives de ε dans x, par

(3.11) $$\begin{cases} \varepsilon_0/x = \inf\{n \geq 0 \;;\; x \in B_\varepsilon^\infty(n)\} \\ \varepsilon_k/x = \inf\{n > \varepsilon_{k-1}/x \;;\; x \in B_\varepsilon^\infty(n)\}. \end{cases}$$

et nous poserons, $x^{(i)}$ ayant été défini en (3.4),

(3.12) $$x^{[k]} = x^{(\varepsilon_k/x)} .$$

Signalons deux propriétés simples de B_ε^∞ :

d'abord

(3.13) $$P(B_\varepsilon^\infty) = 1$$

c'est une conséquence immédiate de la loi forte des grands nombres; nous pourrons donc nous placer dorénavant dans l'espace de probabilité $(B_\varepsilon^\infty, \mathcal{A}, P)$;

ensuite

(3.14) $$TB_\varepsilon^\infty = B_\varepsilon^\infty$$

puisque $x \in B_\varepsilon^\infty \Rightarrow Tx \in B_\varepsilon^\infty$ et que tout $x \in B_\varepsilon^\infty$ est de la forme Ty, $y \in B_\varepsilon^\infty$.

Les v.a. Y_{-n} :

Proposition 3.5.

Soit $x \in B_\varepsilon^\infty$. Si $\mathfrak{S}_{N+1}$ a la topologie discrète, $Y_0(x) = \lim_{h\to\infty} \pi * x^{(h)}$ existe et est indépendant de π :

$$Y_0(x) = e * x^{[k]} \qquad (k \geq 0).$$

Nous poserons alors

$$Y_{-n}(x) = Y_0(T^n x) \qquad (n \geq 0).$$

<u>Démonstration</u>.

Prenons $x \in B_{\varepsilon}^{\infty}$ et $k > 0$. Pour tout entier $h > \varepsilon_k/x + l(\varepsilon)$, $x^{(h)}$ est de la forme $z\varepsilon x^{[k]}$ où $z \in B^*$.

Par conséquent, pour tout $\pi \in \mathfrak{S}_{N+1}$,

$$\pi * x^{(h)} = (\pi * z\varepsilon) * x^{[k]}$$

et donc, d'après le théorème 3.4,

$$\pi * x^{(h)} = e * x^{[k]}$$

d'où

$$\lim_{h\to\infty} \pi * x^{(h)} = e * x^{[k]} = Y_0(x). \quad \square$$

<u>Remarque 3.6</u>.

Si $x \in B^{\infty}$ ne contient pas de bloc de remise au zéro, $\lim_{h\to\infty} \pi * x^{(h)}$ peut ne pas exister ou dépendre de $\pi \in \mathfrak{S}_{N+1}$:

Prenons par exemple $S=(e,T_0^3)$ avec $B=[0,3]$ et $x \in B^{\infty}$ tel que $x_{-n}=0$ pour tout $n \geq 0$. Alors

$$\lim_{h\to\infty} \pi * x^{(h)} = \begin{cases} \pi & \text{si } \pi(0)=0 \\ \pi * 0 & \text{si } \pi(0)\neq 0, \end{cases}$$

dépend de π.

Prenons ensuite $S=(e,T_2^4)$ avec $B=[0,4]$; soit $\pi \in \mathfrak{S}_4$ tel que

$$\pi^{-1}(0)=0,\ \pi^{-1}(3)=1,\ \pi^{-1}(1)=2,$$

et

$$x = \ldots\ 2103\ 2103\ 2103 \in B^{\infty}.$$

Alors, pour tout $h \geq 0$,

$$0 = [\pi * x^{(8h)}](0)$$

$$3 = [\pi * x^{(8h+4)}](0)$$

et donc $\pi * x^{(h)}$ n'a pas de limite quand $h \to \infty$. $\square$

La chaîne $(S,p)^{\infty}$: maintenant que nous avons défini en (3.9) la suite de v.a. $(X_{-n})_{n=0}^{\infty}$ et à la proposition 3.5 la suite d'applications $(Y_{-n})_{n=0}^{\infty}$, il suffit pour achever la construction de $(S,p)^{\infty}$ de prouver le résultat suivant.

Théorème 3.7.

1. $(Y_{-n})_{n=0}^{\infty}$ est une suite stationnaire de v.a.

2. $Y_{-n+1} = Y_{-n} * X_{-n+1} \quad (n \geq 1)$.

Démonstration.

1. D'après la proposition 3.5, si $\pi \in \mathfrak{S}_{N+1}$,

$$\{Y_0 = \pi\} = \{x \in B_{\varepsilon}^{\infty} ; \quad e * x^{[0]} = \pi\}$$

et donc $\{Y_0 = \pi\}$ est une réunion de cylindres.

Puisque d'autre part $Y_{-n}(x) = Y_0(T^n x)$ et que, d'après (3.14) $TB_{\varepsilon}^{\infty} = B_{\varepsilon}^{\infty}$ $\{Y_0 = \pi\} = \{Y_{-n} = \pi\}$ et $(Y_{-n})_{n=0}^{\infty}$ est bien une suite stationnaire de v.a.

2. Comme $Y_{-n}(x) = Y_0(T^n x)$ et $X_{-n}(x) = X_0(T^n x)$, il suffit de prouver que

$$Y_0 = Y_{-1} * X_0.$$

Soit donc $x \in B_{\varepsilon}^{\infty}$; comme, d'après la proposition 3.5,

$$Y_{-1}(x) = Y_0(Tx) = e * (Tx)^{[0]},$$

on a

$$Y_{-1}(x) * X_0(x) = [e * (Tx)^{(\varepsilon_0/Tx)}] * X_0(x)$$

$$= e * x^{(\varepsilon_0/Tx + 1)}.$$

Si $\varepsilon_0/x > 0$, alors

$$\varepsilon_0/Tx = \varepsilon_0/x - 1$$

et donc

$$Y_{-1}(x)*X_0(x) = e * x^{[0]} = Y_0(x).$$

Si $\varepsilon_0/x = 0$, alors

$$\varepsilon_0/Tx = \varepsilon_1/x - 1$$

et donc

$$Y_{-1}(x)*X_0(x) = e * x^{[1]} = Y_0(x). \quad \square$$

Chapitre 3

MESURES STATIONNAIRES

Un problème important concernant les librairies est celui de la détermination, sous une forme *explicite* et *manipulable*, d'une mesure stationnaire. Ce problème est difficile même pour les librairies finies: souvenons-nous qu'une librairie de 5 livres a 120 états! Après avoir donné, au paragraphe 1, les définitions et propriétés élémentaires de ces mesures stationnaires et *introduit* la notion de *mesure stationnaire homogène*, nous déterminons, la plupart du temps par des méthodes *originales*, leur expression pour certaines librairies (paragraphes 2,3,4). Enfin, l'étude du caractère borné d'une mesure stationnaire, i.e. l'étude de la récurrence positive de la chaîne, peut être facilitée par l'utilisation des librairies-quotient, présentées au paragraphe 5.

1. Définitions, propriétés élémentaires, mesures stationnaires homogènes.

Soit une chaîne de Markov, d'espace d'états dénombrable $\underline{E}$ et de matrice de transition $p(s,s')$, $s,s' \in \underline{E}$. R^+ désigne l'ensemble des réels positifs. La définition suivante rassemble un certain nombre de notions élémentaires concernant les mesures stationnaires.

Définition 1.1.

1. Une application $u:\underline{E} \to R^+$ est appelée *mesures stationnaire*

(resp. sous-stationnaire) si, pour tout s dans $\underline{E}$,

$$u(s) = \sum_{s'\in\underline{E}} u(s').p(s,s')$$

respectivement

$$u(s) \geq \sum_{s'\in\underline{E}} u(s').p(s,s').$$

2. Une mesure stationnaire u est dite bornée si sa masse totale $\sum_{s\in\underline{E}} u(s)$ est finie; une mesure stationnaire bornée de masse totale 1 est appelée distribution stationnaire.

3. Une mesure sous-stationnaire u est dite strictement sous-stationnaire s'il existe s dans $\underline{E}$ tel que

$$u(s) > \sum_{s'\in\underline{E}} u(s').p(s,s').$$

L'équation aux mesures (sous-)stationnaires s'écrit pour les librairies de façon simple comme le montre la proposition suivante.

Proposition 1.2.

Soit une librairie (S,p) de police τ associée à une application ρ (1.1.4); alors $u:E_e \to R^+$ (ou $u(S,p;.)$ si l'on tient à spécifier la librairie) est une mesure stationnaire (resp. sous-stationnaire) si et seulement si, pour tout π dans E_e,

$$u(\pi) = \sum_{t\in T} p_{\pi\circ\rho(t)}\, u(\pi\circ\tau_t^{-1})$$

respectivement

$$u(\pi) \geq \sum_{t\in T} p_{\pi\circ\rho(t)}\, u(\pi\circ\tau_t^{-1}).$$

Démonstration.

D'une part, $p(\pi',\pi)$ désignant la probabilité de transition de π' à π, $p(\pi',\pi) > 0$ équivaut à l'existence de t dans T tel que $\pi = \pi'\circ\tau_t$, soit $\pi' = \pi\circ\tau_t^{-1}$.

Par conséquent

$$\sum_{\pi' \in E_e} u(\pi')p(\pi',\pi) = \sum_{t \in T} u(\pi \circ \tau_t^{-1})p(\pi \circ \tau_t^{-1},\pi).$$

Mais d'autre part, puisque, d'après (1.1.4), $\tau_t^{-1}(t) = \rho(t)$, on a, en utilisant (1.1.5),

$$\begin{aligned} p(\pi \circ \tau_t^{-1},\pi) &= p[\pi \circ \tau_t^{-1},(\pi \circ \tau_t^{-1})\circ \tau_t] \\ &= p[\pi \circ \tau_t^{-1},(\pi \circ \tau_t^{-1}) * \pi \circ \rho(t)] \\ &= p_{\pi \circ \rho(t)} \ . \ \square \end{aligned}$$

Nous allons maintenant introduire, pour des librairies <u>cycliques</u>, la notion de <u>mesure stationnaire homogène</u>. Nous ne chercherons pas, ce qui serait un problème très difficile, à déterminer les conditions générales d'existence de mesures stationnaires de ce type. Remarquons toutefois que toutes les mesures stationnaires de librairies cycliques que nous mettrons en évidence dans les paragraphes suivants sont homogènes. L'introduction de cette notion nous permettra, en outre, d'unifier et de simplifier certaines démonstrations.

<u>Définition 1.3</u>.

Soit une librairie (S,p) où la structure <u>infinie</u> $S=(T,\gamma,e,B,\rho)$ possède un cycle C à $c+1$ éléments. On note $T=(t_i)_{i=0}^{\infty}$ et $C=(t_i)_{i=0}^{c}$, et on désigne par $u=u(S,p;.)$ une mesure stationnaire de (S,p).

u est dite <u>homogène</u> s'il existe une famille de fonctions de n variables $(\varphi_n)_{n=1}^{\infty}$ telle que

$$\forall \pi \in E_e \qquad u(S,p;\pi) = \lim_{n\to\infty} \frac{\varphi_n[p_{e(t_{c+1})},\dots,p_{e(t_{c+n})}]}{\varphi_n[p_{\pi(t_{c+1})},\dots,p_{\pi(t_{c+n})}]}$$

et, pour tout $n \geq 1$ et $\lambda \in R^+$,

$$\frac{\varphi_n[\lambda p_{e(t_{c+1})},\dots,\lambda p_{e(t_{c+n})}]}{\varphi_n[\lambda p_{\pi(t_{c+1})},\dots,\lambda p_{\pi(t_{c+n})}]} = \frac{\varphi_n[p_{e(t_{c+1})},\dots,p_{e(t_{c+n})}]}{\varphi_n[p_{\pi(t_{c+1})},\dots,p_{\pi(t_{c+n})}]}.$$

On aurait une définition analogue dans le cas d'une structure S *finie*, i.e. telle que $T=(t_i)_{i=0}^N$ avec $N > c$; la famille $(\varphi_n)_{n=1}^{\infty}$ serait alors remplacée par une seule fonction φ de N-c variables.

Remarque 1.4.

Soit $u=u(S,p;.)$ une mesure stationnaire homogène et q une mesure positive sur B de masse totale $\mu < \infty$; l'homogénéité de u et le fait que q/μ est une probabilité sur B permettent de définir $u(S,q;.) = u(S,q/\mu;.)$.

On a aussi le résultat simple suivant qui s'avèrera très utile par la suite.

Proposition 1.5.

Soit $u(S,p;.)$ une mesure stationnaire homogène d'une librairie cyclique (S,p) et $q=(q_b)_{b\in B}$ une mesure positive sur B telle que $q_B = \sum_{b\in B} q_b < \infty$. Alors, pour tout π de E_e,

$$q_B = \sum_{t\in T} q_{\pi\circ\rho(t)} \frac{u(S,q;\pi\circ\tau_t^{-1})}{u(S,q;\pi)} .$$

Démonstration.

Il suffit d'observer que $p=q/q_B$ est une probabilité sur B, que $p_{\pi\circ\rho(t)} = q_{\pi\circ\rho(t)}/q_B$ et que $u(S,p;.)=u(S,q;.)$. □

Nous allons à présent nous intéresser à des branchements de structures (définis au §1.3) tels que les librairies associées aux arbrisseaux possèdent une mesure stationnaire homogène. Jusqu'à la fin de ce paragraphe, (S,p) désigne une librairie telle que $S=(T,\gamma,e,B,\rho) = S_0-\{\omega\}-S_1$ soit le branchement sur la structure S_0 d'une structure à racine $S_1=(T_1,\gamma_1,e_1,B_1,\rho_1)$ où $T_1=(t_i)_{i=0}^{\infty}$, avec $t_0=\omega$ et $T_1^+=(t_i)_{i=1}^{\infty}$, est supposé infini (le cas fini serait analogue); p_1 étant une probabilité sur B_1, $u=u(S_1,p_1;.)$ désigne une mesure stationnaire homogène de la chaîne (S_1,p_1), associée, d'après la définition 1.3, à une suite de fonctions $(\varphi_n)_{n=1}^{\infty}$. L'application u n'étant définie que sur E_{e_1}, nous nous proposons de la prolonger à E_e tout entier en une application $\tilde{u}$ possédant quelques propriétés intéressantes. Commençons par démontrer la

Proposition 1.6.

$$\forall \pi, \sigma \in E_e \qquad \lim_{n\to\infty} \frac{\varphi_n\,[p_{\pi(t_1)},\dots,p_{\pi(t_n)}]}{\varphi_n\,[p_{\sigma(t_1)},\dots,p_{\sigma(t_n)}]} \quad \text{existe.}$$

Démonstration.

Si $\pi,\sigma \in E_e$, $\pi(T_1)$ et $\sigma(T_1)$ ne diffèrent que d'un nombre fini d'éléments. Une récurrence évidente montre qu'il suffit de faire la démonstration lorsque $\pi(T_1)$ et $\sigma(T_1)$ ne diffèrent que d'un élément (le cas $\pi(T_1)=\sigma(T_1)$ se traiterait de façon similaire).

Soit donc $\pi(T_1)=D\cup\{\alpha\}$ et $\sigma(T_1)=D\cup\{\beta\}$ avec $\alpha\neq\beta$ et notons π_1 et σ_1 les restrictions de π et σ à T_1. Considérons alors la chaîne (S_1^{π},p_1^{π}) où $S_1^{\pi}=(T_1,\gamma_1,\pi_1,\pi(T_1),\rho_1)$ et p_1^{π} est la probabilité sur $\pi(T_1)$ proportionnelle à $(p_{\pi(t_i)})_{i=0}^{\infty}$, d'espace d'états E_{π_1}. Définissons $\pi_1^{\alpha}\in E_{\pi_1}$ tel que $\pi_1^{\alpha}(t_0)=\alpha$. On définirait de même S_1^{σ}, p_1^{σ} et σ_1^{β}.

Afin de simplifier les notations, nous poserons, pour toute injection π de T_1 dans B,

$$\varphi_n[p,\pi] = \varphi_n\,[p_{\pi(t_1)},\dots,p_{\pi(t_n)}]\,.$$

Cela étant, puisque

$$\frac{\varphi_n[p,\pi]}{\varphi_n[p,\sigma]} = \frac{\varphi_n[p,\pi]}{\varphi_n[p,\pi_1^{\alpha}]}\cdot\frac{\varphi_n[p,\pi_1^{\alpha}]}{\varphi_n[p,\sigma_1^{\beta}]}\cdot\frac{\varphi_n[p,\sigma_1^{\beta}]}{\varphi_n[p,\sigma]}$$

et que

$$\lim_{n\to\infty} \varphi_n[p,\pi]\,/\varphi_n[p,\pi_1^{\alpha}] = u(S_1^{\pi},p_1^{\pi};\,\pi_1^{\alpha}),$$

$$\lim_{n\to\infty} \varphi_n[p,\sigma]\,/\varphi_n[p,\sigma_1^{\beta}] = u(S_1^{\sigma},p_1^{\sigma};\,\sigma_1^{\beta}),$$

il suffit de montrer que $\lim_{n\to\infty} \varphi_n[p,\pi_1^\alpha]/\varphi_n[p,\sigma_1^\beta]$ existe.

Soit la bijection $\sigma_1^{\alpha\beta} : T_1 \to D \cup \{\alpha\}$ définie par

$$\sigma_1^{\alpha\beta}(t_0) = \alpha \quad \text{et} \quad \sigma_1^{\alpha\beta}(t_i) = \sigma_1^\beta(t_i) \quad \text{pour } i \geq 1.$$

Il est clair que cette bijection est un état de la chaîne (S_1^χ, p_1^χ) où $S_1^\chi = (T_1, \gamma_1, \pi_1^\alpha, \pi_1^\alpha(T_1), \rho_1)$ et p_1^χ est la probabilité sur $\pi_1^\alpha(T_1)$ proportionnelle à $(p_{\pi_1^\alpha(t_i)})_{i=0}^{\infty}$.

Nous avons alors

$$\lim_{n\to\infty} \varphi_n[p,\pi_1^\alpha]/\varphi_n[p,\sigma_1^\beta] = \lim_{n\to\infty} \varphi_n[p,\pi_1^\alpha]/\varphi_n[p,\sigma_1^{\alpha\beta}] = u(S_1^\chi, p_1^\chi, \sigma_1^{\alpha\beta}). \square$$

Ce résultat nous permet d'introduire (sans rappeler les notations précédentes) la

<u>Définition 1.7.</u>

On appelle <u>prolongement à E_e</u> de la mesure stationnaire homogène u, l'application $\tilde{u}: E_e \to R^+$ définie, pour tout $\pi \in E_e$, par

$$\tilde{u}(\pi) = \lim_{n\to\infty} \varphi_n[p_{e(t_1)},\ldots,p_{e(t_n)}]/\varphi_n[p_{\pi(t_1)},\ldots,p_{\pi(t_n)}].$$

La proposition suivante rassemble deux propriétés essentielles de ces prolongements.

<u>Proposition 1.8.</u>

Soit $(S,p) = (S_0 - \{\omega\} - S_1, p)$, p_1 une probabilité sur B_1, $u = u(S_1, p_1; .)$ une mesure stationnaire homogène de (S_1, p_1) et $\tilde{u}$ son prolongement à E_e. Alors

1. $\forall t \in T \setminus T_1^+ \quad \forall \pi \in E_e \qquad \tilde{u}(\pi \circ \tau_t^{-1}) = \tilde{u}(\pi)$.

2. $$\sum_{t \in T_1^+} p_{\pi\circ\rho(t)} \frac{u(\pi\circ\tau_t^{-1})}{u(\pi)} = \sum_{t\in T_1^+} p_{\pi(t)}.$$

<u>Démonstration.</u>

1. Soit $\pi \in E_e$, $t \in T$ et $\sigma = \pi \circ \tau_t^{-1}$; désignons par π_1 et σ_1 les

restrictions de π et σ à T_1. Le résultat provient de la définition 1.7 de $\tilde{u}$ et du fait évident que, si $t \in T \setminus T_1^+$, ou bien $\pi_1 = \sigma_1$ ou bien π_1 et σ_1 ne diffèrent qu'en $\omega = t_0$.

2. Soit π_1 la restriction de $\pi \in E_e$ à T_1 et la chaîne (S_1^π, p_1^π) où $S_1^\pi = (T_1, \gamma_1, \pi_1, \pi(T_1), \rho_1)$ et p_1^π est la probabilité sur $\pi(T_1)$ proportionnelle à $(p_{\pi(t_i)})_{i=0}^{\infty}$, d'espace d'états E_{π_1}. Alors puisque pour tout $t \in T_1^+$, la restriction $\pi_1 \circ \tau_t^{-1}$ de $\pi \circ \tau_t^{-1}$ à T_1 appartient à E_{π_1}, on a

$$\frac{\tilde{u}(\pi \circ \tau_t^{-1})}{\tilde{u}(\pi)} = \lim_{n \to \infty} \frac{\varphi_n[p_{\pi(t_1)}, \ldots, p_{\pi(t_n)}]}{\varphi_n[p_{\pi \circ \tau_t^{-1}(t_1)}, \ldots, p_{\pi \circ \tau_t^{-1}(t_n)}]} = u(S_1^\pi, p_1^\pi; \pi_1 \circ \tau_t^{-1})$$

Le résultat cherché provient de l'homogénéité de u et de la proposition 1.5. □

2. Librairies de transposition.

Une classe de librairies pour lesquelles on sait déterminer une mesure stationnaire est l'ensemble des librairies de transposition. Une telle mesure, découverte pour les librairies de McCabe finies par McCabe (1965), a été généralisée à toutes les librairies de transposition par Arnaud(1977) et Letac(1978). Leur méthode, non constructive, a l'inconvénient d'aboutir à deux expressions distinctes selon que la librairie est cyclique ou non. Nous proposons ici une méthode constructive reposant sur le fait qu'une librairie de transposition est une chaîne de Markov réversible, méthode utilisée par Suomela(1979) pour le cas particulier des librairies de McCabe, et qui conduit, dans le cas général, à une expression unique valable que la librairie soit cyclique ou non.

Définition 2.1.

Une chaîne de Markov irréductible, d'espace d'états dénombrable $\underline{E}$ et ayant $p(s,s')$, $s,s' \in \underline{E}$ pour probabilités de transition est dite réversible si

1. $\forall\, s,s' \in \underline{E} \quad p(s,s')=p(s',s)=0$ ou $p(s,s').p(s',s) > 0$.

2. Pour tout cycle d'états $s_0, s_1, \ldots, s_n, s_{n+1}=s_0$,

$$\prod_{i=0}^{n} p(s_i,s_{i+1}) = \prod_{i=0}^{n} p(s_{i+1},s_i) .$$

Pour les chaînes réversibles, on a la

Proposition 2.2. (Suomela, 1979)

Considérons une chaîne de Markov réversible et fixons $s_0 \in \underline{E}$. Pour toute suite d'états $s_1, s_2, \ldots, s_n=s$ tels que $p(s_i,s_{i+1}) > 0$ pour tout $i \in [0,n-1]$,

$$(2.1) \qquad u(s) = \prod_{i=0}^{n-1} p(s_i,s_{i+1})/p(s_{i+1},s_i)$$

dépend seulement de s et $s \mapsto u(s)$ est une mesure stationnaire telle que $u(s_0)=1$.

Démonstration.

C'est une vérification immédiate. □

Nous sommes à présent en mesure de démontrer le résultat suivant.

Théorème 2.3.

Toute librairie de transposition (S,p) acyclique ou à racine

1. est une chaîne de Markov réversible;

2. admet pour mesure stationnaire (homogène si la chaîne est à racine) l'application $u : E_e \to R^+$ définie par

$$(2.2) \qquad u(\pi) = \prod_{s \in T} Q_s(\pi)$$

ù

(2.3) $$Q_s(\pi) = \prod_{s \leq u} p_{e(u)}/p_{\pi(u)}.$$

bservons que puisque E_e est l'ensemble des dispositions qui ne dif- èrent de e que sur un nombre fini de places, le produit (2.3) est onvergent et $Q_s(\pi)=1$ pour tout $s \in T$ sauf un nombre fini; par consé- uent, le produit (2.2) est convergent pour tout $\pi \in E_e$.

émonstration.

* Il suffit de montrer la deuxième partie, la première étant tri- iale, de la définition 2.1. Soit donc un cycle $\pi_0, \pi_1, \ldots, \pi_n, \pi_{n+1} = \pi_0$ 'éléments de E_e tels que $p(\pi_i, \pi_{i+1}) > 0$, $i \in [0,n]$. Désignons par b_i t $\hat{b}_i$ les livres tels que $\pi_{i+1} = \pi_i * b_i$ et $\pi_i = \pi_{i+1} * \hat{b}_i$ et par $=b_0 b_1 \ldots b_n$ et $\hat{w} = \hat{b}_n \hat{b}_{n-1} \ldots \hat{b}_0$ les mots de retour à π_0 "inverses".

l s'agit de prouver que $p(w) = p(\hat{w})$.

r l'examen de la police de transposition montre à l'évidence que π étant un élément de E_e et a,b,c trois livres, on ne peut avoir

$$\begin{cases} \pi^{-1}(a) < \pi^{-1}(b) \\ [\pi * c]^{-1}(b) < [\pi * c]^{-1}(a) \end{cases}$$

ue si c=b et si $\pi^{-1}(a) = \gamma \circ \pi^{-1}(b)$.

ar conséquent, si $\pi_0^{-1}(\hat{b}_i) < \pi_0^{-1}(b_i)$, puisque $\pi_{i+1}(b_i) < \pi_{i+1}(\hat{b}_i)$ t que $w \in R(\pi_0)$, il faudra que $\hat{b}_i$ soit une lettre de w; et si $\pi_0^{-1}(b_i) < \pi_0^{-1}(\hat{b}_i)$, il faudra aussi que $\hat{b}_i$ soit une lettre de w uisque $\pi_i^{-1}(\hat{b}_i) < \pi_i^{-1}(b_i)$.

n définitive, w et $\hat{w}$ contiennent les mêmes lettres.

* Une librairie de transposition acyclique ou à racine étant ne chaîne réversible, elle possède une mesure stationnaire u onnée par (2.1). Si on remarque que, puisque $\tau_t^{-1} = \tau_t$,

$$p(\pi,\pi')>0 \Leftrightarrow \exists t: \pi' = \pi\circ\tau_t \Longleftrightarrow \exists t: \pi = \pi'\circ\tau_t$$

et que

$$(2.4) \qquad p(\pi,\pi\circ\tau_t) = p_{\pi(t)},$$

on déduit de la formule (2.1) que $u(\pi\circ\tau_t) = u(\pi)p(\pi,\pi\circ\tau_t)/p(\pi\circ\tau_t,\pi)$ soit, d'après (2.4),

$$(2.5) \qquad u(\pi\circ\tau_t) = u(\pi)p_{\pi(t)}/p_{\pi\circ\tau_t(t)}.$$

Comme tout π de E_e s'écrit sous la forme $\pi = e\circ\tau_{t_1}\circ\tau_{t_2}\circ\ldots\circ\tau_{t_n}$, et que $u(e)=1=\prod_{s\in T} Q_s(e)$, nous allons montrer, par récurrence sur n, que u(.) peut s'écrire sous la forme (2.2).

Supposons donc que $u(\pi)$ s'écrive selon (2.2). Alors puisque

$$\begin{cases} \tau_t(u) = u \quad \text{si} \quad u \notin \{t,\gamma(t)\} \\ \tau_t(t) = \tau_t^{-1}(t) = \gamma(t), \end{cases}$$

il est clair que, pour $s\neq t$,

$$(2.6) \qquad Q_s(\pi\circ\tau_t) = \prod_{s\leq u} \frac{p_{e(u)}}{p_{\pi\circ\tau_t(u)}} = \prod_{s\leq u} \frac{p_{e(u)}}{p_{\pi(u)}} = Q_s(\pi)$$

et que

$$(2.7) \qquad Q_t(\pi\circ\tau_t) = \frac{p_{e(t)}}{p_{\pi\circ\tau_t(t)}} \prod_{t<u} \frac{p_{e(u)}}{p_{\pi(u)}} = \frac{p_{\pi(t)}}{p_{\pi\circ\tau_t(t)}} Q_t(\pi).$$

Par conséquent

$$u(\pi) = \prod_{s\in T} Q_s(\pi) = \prod_{s\neq t} Q_s(\pi\circ\tau_t).\frac{p_{\pi\circ\tau_t(t)}}{p_{\pi(t)}} Q_t(\pi\circ\tau_t)$$

et, en utilisant (2.5),

$$u(\pi\circ\tau_t) = \prod_{s\neq t} Q_s(\pi\circ\tau_t).\frac{p_{\pi\circ\tau_t(t)}}{p_{\pi(t)}} Q_t(\pi\circ\tau_t).\frac{p_{\pi(t)}}{p_{\pi\circ\tau_t(t)}}$$

$$= \prod_{s\in T} Q_s(\pi\circ\tau_t). \quad \square$$

La formule (2.2) peut être étendue aux librairies de transposition non réversibles, i.e. cycliques dont le cycle comporte plus d'un élément, et plus généralement à des librairies du type précédent et munies d'une mémoire principale. De façon précise, nous avons la

Proposition 2.4.

Soit (S,p) une librairie dont la structure possède un cycle C, une mémoire principale F et dont la police ρ est définie par

$$\rho(t) = \begin{cases} \gamma^{|t|}(t) & \text{si} \quad t \in \gamma^{-1}(F) = \{t \in T\backslash F \; ; \; \gamma(t) \in F\} \\ t & \text{si} \quad t \in F\backslash C \\ \gamma(t) & \text{si} \quad t \in [T \backslash F \cup \gamma^{-1}(F)] \cup C. \end{cases}$$

$Q_s(\pi)$ ayant été défini en (2.3), (S,p) admet pour mesure stationnaire homogène l'application $u : E_e \to R^+$ définie par

$$(2.8) \qquad u(\pi) = \prod_{s \in (T\backslash F) \cup C} Q_s(\pi) = \prod_{s \in T\backslash F} Q_s(\pi).$$

Démonstration.

$u(\pi)$ étant donné par la formule (2.8), il est facile de montrer, à partir de résultats du type (2.6) et (2.7), que

$$u(\pi \circ \tau_t^{-1}) = u(\pi \circ \tau_t) = \begin{cases} u(\pi) p_{\pi(t)} / p_{\pi \circ \rho(t)} & \text{si } t \in (T\backslash F) \cup C \\ u(\pi) & \text{si } t \in F\backslash C. \end{cases}$$

Par conséquent

$$\sum_{t \in T} p_{\pi \circ \rho(t)} \frac{u(\pi \circ \tau_t^{-1})}{u(\pi)} = \sum_{t \in (T\backslash F) \cup C} p_{\pi \circ \rho(t)} \frac{p_{\pi(t)}}{p_{\pi \circ \rho(t)}} + \sum_{t \in F\backslash C} p_{\pi(t)}$$
$$= \sum_{t \in T} p_{\pi(t)} = 1.$$

Le résultat est établi d'après la proposition 1.2. □

3. Librairies de Hendricks.

Les librairies de Hendricks constituent une deuxième classe de chaînes de Markov sur les permutations pour lesquelles on a su déterminer par étapes une mesure stationnaire: Tsetlin(1963) a obtenu une telle mesure pour les librairies de Tsetlin finies, puis Hendricks(1973) et Nelson(1975) pour d'autres cas particuliers, enfin Letac(1978) pour le cas général. Nous donnerons ici un procédé constructif permettant d'obtenir la mesure stationnaire homogène d'une librairie de Tsetlin finie puis nous étendrons ce résultat au cas général en suivant la méthode de Letac.

Proposition 3.1.

Une librairie de Tsetlin finie (e,T_0^N,p), $N \in \mathbb{N}$, admet pour distribution stationnaire l'application $U:E_e \to R^+$ définie par

$$U(\pi) = \prod_{t=0}^{N} p_{\pi(t)}/q_t(\pi) \tag{3.1}$$

où

$$q_t(\pi) = \sum_{s=t}^{N} p_{\pi(s)} = 1-s_{t-1}(\pi).$$

Démonstration.

Reprenons les notations du §2.3: $(e,T_0^N,p)^\infty$ est la librairie stationnaire associée à (e,T_0^N,p) et ε un mot de remise au zéro pour la structure (e,T_0^N). B_ε^∞ et $R_N(e,\pi)$ ayant été respectivement définis en (2.3.10) et en (1.4.10), on peut écrire presque surement (puisque, d'après la loi forte des grands nombres presque tous les mots de $\{Y_0=\pi\}\subset B_\varepsilon^\infty$ contiennent une infinité de lettres $\pi(N)$)

$$\{Y_0=\pi\} = B_\varepsilon^\infty \, . \, \varepsilon \, . R_N(e,\pi)$$

donc, d'après (1.4.12) et puisque $B_N^*(\pi)=B^*$ et que $B_\varepsilon^\infty\, \varepsilon\, B^*=B_\varepsilon^\infty$,

$$\{Y_0=\pi\} = B_\varepsilon^\infty . p_{\pi(N)} B_{N-1}^*(\pi) p_{\pi(N-1)} \cdots p_{\pi(1)} B_0^*(\pi) p_{\pi(0)} .$$

et par conséquent, d'après (2.2.2),(2.2.7) et (2.3.8),

$$U(\pi) = P(Y_0=\pi) = \prod_{t=0}^{N} p_{\pi(t)}/q_t(\pi). \quad \square$$

Corollaire 3.2.

Une librairie de Tsetlin finie (e,T_0^N,p) admet pour mesure stationnaire homogène l'application $u:E_e \to R^+$ définie par

(3.2) $$u(\pi) = \prod_{t=1}^{N} q_t(e)/q_t(\pi) .$$

Démonstration.

Il suffit d'observer que $u(\pi)=U(\pi)/U(e)$, que $\prod_{t=0}^{N} p_{\pi(t)} = \prod_{t=0}^{N} p_{e(t)}$ et que $q_0(\pi)=1$. $\square$

Signalons l'identité élémentaire suivante, due à Rackusin (1977) et qui généralise la proposition 3.1.

Proposition 3.3.

$A = (a_{ij})$ étant une matrice stochastique d'ordre n et $\mathfrak{S}_n$ désignant le groupe symétrique à n variables, on a

(3.3) $$\sum_{\pi \in \mathfrak{S}_n} \prod_{i=1}^{n} \left(a_{i,\pi(i)} \Big/ \sum_{j=i}^{n} a_{i,\pi(j)} \right) = 1.$$

Démonstration.

Nous choisissons la démonstration par récurrence sur n de Djokovic (1978). (3.3) est évident pour n=1; soit donc $n \geq 2$ et notons $M(A)$ le membre de gauche de (3.3). On peut écrire

$$M(A) = \sum_{k=1}^{n} \frac{a_{1k}}{a_{11}+\ldots+a_{1n}} \sum_{\pi \in F_k} \prod_{i=2}^{n} \frac{a_{i,\pi(i)}}{a_{i,\pi(i)}+\ldots+a_{i,\pi(n)}}$$

où

$$F_k = \{ \pi \in \mathfrak{S}_n \ ; \ \pi(1)=k \} .$$

Soit A_{1k} la matrice déduite de A en supprimant la première ligne et la k-ième colonne. Alors, d'après l'hypothèse de récurrence, on a, pour tout k,

$$\sum_{\pi\in F_k}\prod_{i=2}^{n}\frac{a_{i,\pi(i)}}{a_{i,\pi(i)}+\dots+a_{i,\pi(n)}} = M(A_{1k}) = 1$$

et par conséquent,

$$M(A) = \sum_{k=1}^{n}\frac{a_{1k}}{a_{11}+\dots+a_{1n}} = 1 \ . \ \square$$

Montrons maintenant comment on peut étendre la mesure stationnaire (3.2) à toutes les librairies de Hendricks.

<u>Théorème 3.4.</u> (Letac,1978)

Soit (S,p) une librairie de Hendricks dont l'arbre (T,γ) possède une racine ω . On pose $T^+=T\setminus\{\omega\}$. (S,p) admet pour mesure stationnaire homogène l'application $u:E_e\to R^+$ définie par

(3.4) $$u(\pi) = \prod_{s\in T^+} Q_s^*(\pi)$$

où

(3.5) $$Q_s^*(\pi) = q_s(e)/q_s(\pi), \quad q_s(\pi) = \sum_{s\leq u} p_{\pi(u)}.$$

Observons que le produit (3.4) définissant $u(\pi)$ est convergent car seuls un nombre fini de $Q_s^*(\pi)$ sont différents de 1.

<u>Démonstration</u>.

Il est facile de voir que

$$q_s(\pi\circ\tau_t^{-1}) - q_s(\pi) = \begin{cases} p_{\pi(\omega)} - p_{\pi(s)} & \text{si} \quad s\leq t \\ 0 & \text{si} \quad s\nleq t \end{cases}$$

et partant, u étant défini en (3.4),

$$\frac{u(\pi\circ\tau_t^{-1})}{u(\pi)} = \prod_{s\in T}\frac{q_s(\pi)}{q_s(\pi\circ\tau_t^{-1})} = \prod_{s\leq t}\frac{q_s(\pi)}{q_s(\pi)+p_{\pi(\omega)}-p_{\pi(s)}} \ .$$

Comme de plus $\tau_t^{-1}(t)=\omega$ pour tout $t\in T$, il s'agit de prouver, en enant compte de la proposition 1.2, que

$$(3.6)\qquad \sum_{t\in T} p_\pi(\omega) \prod_{s\leq t} \frac{q_s(\pi)}{q_s(\pi)+p_\pi(\omega)-p_\pi(s)} = 1 .$$

onsidérons alors la chaîne de Markov $(Z_n)_{n=0}^{\infty}$, ayant T pour espace l'états, telle que $Z_0=\omega$ et dont les probabilités de transition $p(t,s)$, $t,s\in T$, sont ainsi définies:

$$\begin{cases} p(\omega,s) = q_s(\pi) \quad \text{si} \quad \gamma(s)=\omega \text{ et } s\neq\omega \\ p(\omega,\omega) = p_\pi(\omega) \\ p(t,s) = \dfrac{q_s(\pi)}{q_t(\pi)+p_\pi(\omega)-p_\pi(t)} \quad \text{si} \quad \gamma(s)=t \\ p(t,\omega) = \dfrac{p_\pi(\omega)}{q_t(\pi)+p_\pi(\omega)-p_\pi(t)} \\ p(t,s) = 0 \quad \text{dans les autres cas.} \end{cases}$$

Soit $t\in T$; puisque l'ensemble des $s\leq t$ est totalement ordonné, on peut le noter

$$s_{n+1}=s_0=\omega < s_1 < s_2 < \dots < s_n=t .$$

Alors, si on pose

$$T_1 = \begin{cases} \inf\{n>0 \ ;\ Z_n=\omega\} \\ \infty \text{ si c'est vide} \end{cases}$$

on a

$$(3.7)\qquad P[Z_{T_1-1}=t] = \prod_{i=0}^{n} p(s_i,s_{i+1}) = p_\pi(\omega)\prod_{s\leq t} \frac{q_s(\pi)}{q_s(\pi)+p_\pi(\omega)-p_\pi(s)}$$

et donc le premier membre de (3.6) est égal à $P[T_1<\infty]$.
Il suffit par conséquent de montrer que $P[T_1<\infty]=1$. Or, Z_n étant markovien, on a, pour $n>0$,

$$P[Z_n=\omega \mid Z_{n-1}] = \frac{p_\pi(\omega)}{q_{Z_{n-1}}(\pi)+p_\pi(\omega)-p_\pi(Z_{n-1})} \geq \frac{p_\pi(\omega)}{1+p_\pi(\omega)} .$$

Donc $P[Z_n = \omega] \geq p_{\pi(\omega)} / 1 + p_{\pi(\omega)}$, la chaîne $(Z_n)_{n=0}^{\infty}$ est récurrente positive et $P[T_1 < \infty] = 1$. □

Il est facile d'étendre la formule (3.4) aux librairies de Hendricks munies d'une mémoire principale.

Proposition 3.5.

Soit (S,p) une librairie dont l'arbre (T,γ) possède une racine ω et une mémoire principale F et dont la police ρ est définie par

$$\rho(t) = t \quad \text{si} \quad t \in F$$

$$\rho(t) = \omega \quad \text{si} \quad t \in T \setminus F.$$

Alors (S,p) admet pour mesure stationnaire homogène l'application $u : E_e \to R^+$ définie par

$$u(\pi) = \prod_{s \in T \setminus F} Q_s^*(\pi) \ . \tag{3.8}$$

Démonstration.

Soit u définie en (3.8) et posons

$$\hat{F} = \{ t \in F \ ; \ \gamma^{-1}(t) \cap (T \setminus F) \neq \emptyset \} \ .$$

En utilisant le théorème 3.4 et la proposition 1.4, il vient, pour tout $t_0 \in \hat{F}$,

$$\sum_{t_0 < t} p_{\pi o \rho(t)} \frac{u(\pi o \tau_t^{-1})}{u(\pi)} = q_{t_0}(\pi) - p_{\pi(t_0)}.$$

Comme de plus

$$p_{\pi o \rho(t)} u(\pi o \tau_t^{-1}) = p_{\pi(t)} u(\pi) \quad \text{si} \quad t \in F,$$

on a

$$\sum_{t \in T} p_{\pi o \rho(t)} \frac{u(\pi o \tau_t^{-1})}{u(\pi)} = \sum_{t \in F} p_{\pi(t)} + \sum_{t \in \hat{F}} [q_t(\pi) - p_{\pi(t)}]$$

$$= 1 \ . \ \square$$

Corollaire 3.6.

ne librairie (e,T_{ω}^{N},p), $N\in\overline{\mathbb{N}}$, admet pour mesure stationnaire homogène l'application $u:E_e\to R^+$ définie par

$$u(\pi)=\prod_{s=\omega+1}^{N} Q_s^*(\pi)=\prod_{s=\omega+1}^{N} q_s(e)/q_s(\pi)\;. \tag{3.9}$$

. Branchement de librairies.

Toutes les notions utilisées dans ce paragraphe ayant été définies au paragraphe 1.3, nous allons montrer qu'on peut déterminer la mesure stationnaire (homogène) d'une librairie (S,p) où la structure S est le branchement de N structures à racine S_i, $i\in[1,N]$ sur une structure de transposition S_0, pourvu que toute librairie de structure S_i, $i\in[1,N]$, possède une mesure stationnaire homogène. Nous en déduirons comme cas particulier, en prenant pour S_i des structures de Hendricks, l'expression de la mesure stationnaire d'une librairie mixte, expression qui, contrairement au résultat original de Arnaud (1977), a la même forme que la librairie mixte soit cyclique ou non.

Théorème 4.1.

Soit une librairie $(S,p)=(S_0-\partial T_0-(S_i)_{i=1}^{N},p)$ où S_0 est une structure de transposition et $(S_i)_{i=1}^{N}$ sont N $(N\in\overline{\mathbb{N}})$ structures à racine telles que toute librairie (S_i,q_i), q_i étant une probabilité sur B_i, possède une mesure stationnaire homogène $u_i=u(S_i,q_i;.):E_{e_i}\to R^+$.

Alors si, conformément à la définition 1.7, on note $\tilde{u}_i$ le prolongement de u_i à E_e tout entier, (S,p) possède une mesure stationnaire (homogène si S est cyclique) $u:E_e\to R^+$ définie par

$$u(\pi)=\prod_{s\in T_0} Q_s(\pi).\prod_{i=1}^{N}\tilde{u}_i(\pi)\;. \tag{4.1}$$

Démonstration.

On déduit de la proposition 1.8 que

$$(4.2) \qquad \forall t \in T \setminus T_i^+ \quad \forall \pi \in E_e \qquad \tilde{u}_i(\pi \circ \tau_t^{-1}) = \tilde{u}_i(\pi)$$

et que, pour tout $\pi \in E_e$,

$$(4.3) \qquad \sum_{t \in T_i^+} p_{\pi \circ \rho}(t) \frac{\tilde{u}_i(\pi \circ \tau_t^{-1})}{\tilde{u}_i(\pi)} = \sum_{t \in T_i^+} p_\pi(t) .$$

Ensuite, il est facile de voir que, pour $\pi \in E_e$, $s \in T_0$ et $t \notin T_0$,

$$Q_s(\pi \circ \tau_t^{-1}) = Q_s(\pi)$$

et par suite, en utilisant aussi (2.6) et (2.7), il vient pour tout π de E_e,

$$(4.4) \qquad \prod_{s \in T_0} \frac{Q_s(\pi \circ \tau_t^{-1})}{Q_s(\pi)} = \begin{cases} \dfrac{p_\pi(t)}{p_{\pi \circ \rho}(t)} & \text{si} \quad t \in T_0 \\ 1 & \text{si} \quad t \notin T_0 . \end{cases}$$

On déduit alors de (4.1),(4.2) et (4.4) que

$$(4.5) \qquad \frac{u(\pi \circ \tau_t^{-1})}{u(\pi)} = \begin{cases} \dfrac{p_\pi(t)}{p_{\pi \circ \rho}(t)} & \text{si} \quad t \in T_0 \\ \dfrac{\tilde{u}_i(\pi \circ \tau_t^{-1})}{\tilde{u}_i(\pi)} & \text{si} \quad t \in T_i^+ . \end{cases}$$

et par conséquent, en utilisant (4.3) et (4.5),

$$\sum_{t \in T} p_{\pi \circ \rho}(t) \frac{u(\pi \circ \tau_t^{-1})}{u(\pi)} = \sum_{t \in T_0} p_\pi(t) + \sum_{i=1}^{N} \sum_{t \in T_i^+} p_\pi(t)$$

$$= 1 . \quad \square$$

On déduit immédiatement des théorèmes 4.1 et 3.4 le résultat suivant.

Corollaire 4.2.

Soit (S,p) une librairie mixte dont l'arbre des transpositions est (T_0,γ_0). (S,p) admet pour mesure stationnaire (homogène si S est cyclique) l'application $u: E_e \to R^+$ définie par

$$(4.6) \qquad u(\pi) = \prod_{s \in T_0} Q_s(\pi) \, . \prod_{s \in T \setminus T_0} Q_s^*(\pi) \, .$$

En particulier, si $S=(e,M_\omega^N)$, $N \in \overline{\mathbb{N}}$, on a

$$(4.7) \qquad u(e,M^N,p;\pi) = \prod_{s=0}^{\omega} Q_s(\pi) . \prod_{s=\omega+1}^{N} Q_s^*(\pi)$$

$$= \left(\frac{p_{\pi(0)}}{p_{e(0)}}\right)^{\omega} \cdot \left(\frac{p_{\pi(1)}}{p_{e(1)}}\right)^{\omega-1} \cdot \; \cdots \; \left(\frac{p_{\pi(\omega-1)}}{p_{e(\omega-1)}}\right) \cdot \prod_{s=\omega+1}^{N} \frac{q_s(e)}{q_s(\pi)} \, .$$

Remarque 4.3.

En nous évadant (exceptionnellement!) des structures au sens strict le théorème 4.1 permet d'obtenir, par exemple, la mesure stationnaire d'une librairie (S,p) dont la structure est le branchement sur un arbre de transpositions d'arbrisseaux de Hendricks avec mémoire principale (étudiés à la proposition 3.5). Donnons, à titre d'illustration, un exemple très simple, fini et linéaire: Si S est la structure représentée à la fig. 13,

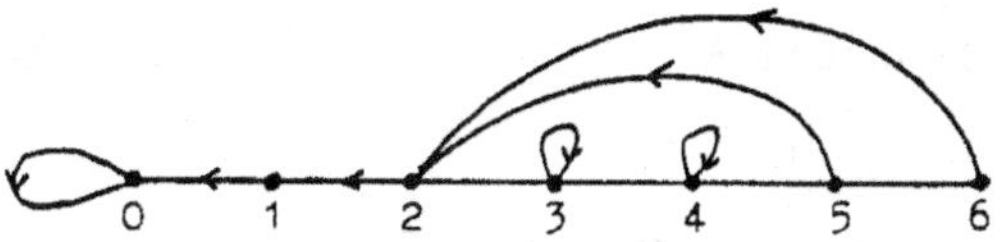

fig. 13

(S,p) admet pour mesure stationnaire homogène

$$u(\pi) = \frac{p_{e(1)}}{p_{\pi(1)}} \cdot \left[\frac{p_{e(2)} \cdots p_{e(6)}}{p_{\pi(2)} \cdots p_{\pi(6)}}\right]^2 \cdot \frac{p_{e(5)}+p_{e(6)}}{p_{\pi(5)}+p_{\pi(6)}} \cdot \frac{p_{e(6)}}{p_{\pi(6)}} \, .$$

5. Librairies-quotient.

Nous terminons ce chapitre par un examen succinct des librairies-quotient (Arnaud,1977), cas particulier des chaînes de Markov quotient (Neveu,1975) ou de chaînes encore plus générales (Heller, 1965; Rosenblatt,1971). Leur introduction est motivée par deux raisons:

1) Les informaticiens (entre autres Aho,Denning et Ullman,1973; Aven,Boguslavsky et Kogan,1976; Franaszek et Wagner,1974; Gelenbe, 1974) ont été amenés, en étudiant certaines librairies ("paging algorithms") à s'intéresser aux états successifs de ces chaînes sur une partie limitée ("principale") de l'ensemble des places, i.e. en fait à des librairies-quotient appelées par eux "piles".

2) La technique des librairies-quotient, et c'est pourquoi nous les définissons dans ce chapitre, permet d'étudier la récurrence positive de certaines librairies, c'est-à-dire la masse totale d'une mesure stationnaire.

Proposition 5.1.

On se donne une librairie $(Y_n)_{n=0}^{\infty}=(S,p)$ et une partition $\mathcal{T}=(T_i)_{i\in I}$ de T. On définit sur E_e la relation d'équivalence

$$\pi \sim \pi' \iff \forall i \in I \quad \pi(T_i) = \pi'(T_i).$$

$\widetilde{E}_e$ désignant l'ensemble-quotient de E_e par $\sim$ et $\widetilde{\pi}$ la classe d'équivalence de π, si on a

(5.1) $\qquad \forall b \in B \qquad \pi \sim \pi' \Rightarrow \pi * b \sim \pi' * b$

alors le processus $(\widetilde{Y}_n)_{n=0}^{\infty}$ à valeurs dans $\widetilde{E}_e$ est une chaîne de Markov, appelée librairie-quotient.

Démonstration.

Le point important est de montrer que l'on peut définir les probabilités de transition $p(\tilde{\pi},\tilde{\pi}_1)$.

Or, si $\pi \sim \pi'$ et $\tilde{\pi}_1 \in \tilde{E}_e$, on déduit de (5.1) que

$$\sum\{p_b \ ; \ \pi * b \in \tilde{\pi}_1\} = \sum\{p_b \ ; \ \pi' * b \in \tilde{\pi}_1\}$$

et partant, $p(\pi,\pi_1)$ désignant la probabilité de transition de π à
π_1, on a

(5.2) $$\sum\{p(\pi,\pi_1) \ ; \ \pi_1 \in \tilde{\pi}_1\} = \sum\{p(\pi',\pi_1) \ ; \ \pi_1 \in \tilde{\pi}_1\}$$

ce qui permet de définir $p(\tilde{\pi},\tilde{\pi}_1)$. □

A titre d'illustration, nous allons donner les trois exemples fon-
lamentaux de librairies-quotient utilisées par les informaticiens;
le lecteur vérifiera sans peine que dans les trois cas considérés
la condition (5.1) est bien remplie.

<u>xemple 5.2</u>.

Dans les trois cas envisagés, $(Y_n)_{n=0}^{\infty}=(S,p)$ est une librairie telle
que $T=[0,N]$; ω étant inférieur à N, on va se contenter de surveil-
ler les livres placés en $[0,\omega]\subset T$, autrement dit on adoptera pour
artition de T

$$\mathcal{T} = \Big\{ \{0\},\{1\}, \ \ldots \ ,\{\omega\}, \ \{t \in T \ ; \ t>\omega\} \Big\}.$$

1. $S=(e,T_{\omega}^{N})$ (fig. 8): la librairie-quotient est appelée <u>pile</u>
<u>IFO</u> (first-in-first-out). $(b_0,b_1,\ldots,b_{\omega})$ étant l'état de la pile
l'instant n, si on convoque b placé en $[0,\omega]$ rien ne change, mais
i on convoque b placé en $[\omega+1,N]$, l'état de la pile devient
$b,b_0,b_1,\ldots,b_{\omega-1})$.

2. $S=(e,T_{0}^{N})$ (fig. 6): la librairie-quotient est appelée <u>pile</u>
<u>RU</u> (least-recently-used). $(b_0,b_1,\ldots,b_{\omega})$ étant l'état de la pile
l'instant n, si on convoque b_i, $i\in[0,\omega]$, l'état de la pile

devient $(b_i,b_0,b_1,\dots,b_{i-1},b_{i+1},\dots,b_\omega)$ et si on convoque b placé en $[\omega+1,N]$, l'état de la pile devient $(b,b_0,b_1,\dots,b_{\omega-1})$.

3. $S=(e,M_\omega^N)$ (fig. 10): la librairie-quotient est appelée <u>pile CLIMB</u>. $(b_0,b_1,\dots,b_\omega)$ étant l'état de la pile à l'instant n, si on convoque b_i, $i\in[1,\omega]$, l'état de la pile devient $(b_0,\dots,b_{i-2},b_i,b_{i-1},b_{i+1},\dots,b_\omega)$, il reste inchangé si on convoque b_0 et il devient $(b_0,b_1,\dots,b_{\omega-1},b)$ si on convoque b placé en $[\omega+1,N]$.

La proposition suivante résume les propriétés élémentaires des librairies-quotient.

<u>Proposition 5.3</u>.

Soit $(\tilde{Y}_n)_{n=0}^\infty$ une librairie-quotient associée à une librairie $(S,p)=(Y_n)_{n=0}^\infty$ et à une partition $\mathcal{T}$ de T. Alors

1. $(\tilde{Y}_n)_{n=0}^\infty$ est une chaîne de Markov irréductible.

2. Si u est une mesure stationnaire de (S,p), $\tilde{u}:\tilde{E}_e\to R^+$ définie par $\tilde{u}(\tilde{\pi})=\sum\{u(\pi);\pi\in\tilde{\pi}\}$ est une mesure stationnaire de la chaîne-quotient.

3. La récurrence positive de (S,p) implique celle de $(\tilde{Y}_n)_{n=0}^\infty$.

4. Si $(\tilde{Y}_n)_{n=0}^\infty$ est transiente, il en est de même de $(Y_n)_{n=0}^\infty$.

<u>Démonstration</u>.

1. Il suffit d'utiliser la proposition 2.1.2 et d'observer que si on désigne, conformément à (2.2.4), par $Q^n(\tilde{\pi},\tilde{\pi}')$ la probabilité de passage de $\tilde{\pi}$ à $\tilde{\pi}'$ en nétapes, on a

$$Q^n(\tilde{\pi},\tilde{\pi}') = \sum\{Q^n(\pi,\pi')\ ;\ \pi'\in\tilde{\pi}'\} . \tag{5.3}$$

2. Evident.

3. Conséquence de 2.: u bornée implique u bornée.

4. Il suffit d'utiliser (5.3). □

erminons par un exemple simple, dû à Nelson (1975), illustrant e troisième point de la proposition précédente.

<u>xemple 5.4</u>.

oit S la structure infinie de Hendricks représentée à la fig. 14, ù les sommets de T sont indexés par les entiers naturels.

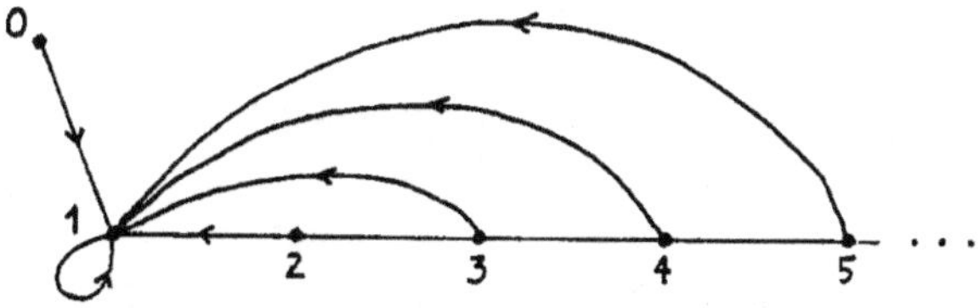

fig. 14

ésignons par $(\tilde{Y}_n)_{n=0}^{\infty}$ la librairie-quotient associée à (S,p) et la partition suivante de T:

$$\mathcal{T} = \left\{ \{0\}, \{1\}, \{ t \in T \; ; \; t > 1 \} \right\}.$$

es états de $(\tilde{Y}_n)_{n=0}^{\infty}$ sont les couples (a,b) où a est le livre lacé en 0 et b le livre placé en 1; les probabilités de transiion sont données par

$$p\,[(a,b);(b,a)] = p_a$$

$$p\,[(a,b);(a,c)] = p_c \qquad (\text{si } c \neq a)$$

$$p\,[(a,b);(c,d)] = 0 \qquad \text{ailleurs.}$$

l est alors facile de voir que $\tilde{u}:(a,b) \mapsto p_b$ est une mesure staionnaire de la chaîne-quotient; $\tilde{u}$ étant constante sur une infinité 'états est non bornée et donc, d'après la proposition 5.3, la ibrairie (S,p) n'est récurrente positive pour <u>aucun</u> choix de p. □

Remarque 5.5.

A titre d'exercice (non trivial!) sur les librairies-quotient, le lecteur pourra démontrer la généralisation suivante, due à Letac (1978), de l'exemple précédent:

(5.4) Si S est une structure de Hendricks infinie et non linéaire, (S,p) n'est récurrente positive pour aucun choix de p.

PARTIE II

RECURRENCE DES LIBRAIRIES

$(e, T^{\infty}_{\omega}, p)$ ET $(e, M^{\infty}_{\omega}, p)$

Dans cette partie, nous allons étudier des librairies infinies (S,p) dont la structure est particulièrement simple: à racine et linéaires, i.e. pour lesquelles l'arbre (T,γ) associé est tel que $T = \mathbb{N}$ et $\gamma(t)=(t-1)^+$. Nous pensons que toutes ces chaînes sont du même type; plus précisément, nous conjecturons que:

C1: elles sont toutes récurrentes positives si et seulement si

$$(*) \qquad \sum_{i=0}^{\infty} \frac{p_{e(i+1)}}{p_{e(i)}} < \infty \ ;$$

C2: elles sont toutes transientes si et seulement si

$$(**) \qquad \sum_{n=0}^{\infty} \prod_{i=0}^{n} \frac{p_{e(i)}}{1 - s_i(e)} < \infty \ , \quad \text{où} \quad s_i(e) = \sum_{k=0}^{i} p_{e(k)} .$$

La conjecture C1 a été résolue (Arnaud,1977;Letac,1974,1978) pour le cas particulier des librairies (e,T_ω^∞,p), $\omega \in \mathbb{N}$, et (e,M_ω^∞,p), $\omega \in \overline{\mathbb{N}}$. Au chapitre 4, nous donnerons de ces résultats une démonstration nettement plus simple que celles proposées originellement; nous prouverons en outre que (*) est une condition nécessaire de récurrence positive pour toutes les librairies infinies dont la structure est à racine et linéaire.

La conjecture C2 a été résolue (Dies,1982b,1982c) pour le cas particulier des librairies (e,T_ω^∞,p), $\omega \in \mathbb{N}$, et (e,M_ω^∞,p), $\omega \in \mathbb{N}$. Aux chapitres 5 et 6 nous reprendrons ces résultats qui, notons-le bien, laissent dans l'ombre le cas limite très intéressant des librairies de McCabe (e,M_∞^∞,p). Nous prouverons en outre au chapitre 6 (en nous évadant légèrement du cas linéaire) que (**) est une condition suffisante de transience pour toute librairie mixte variante finie de Tsetlin, i.e. dont la structure est le branchement d'une structure infinie de Tsetlin sur une structure mixte finie.

Chapitre 4

RECURRENCE POSITIVE DES LIBRAIRIES

(e,T_ω^∞,p) ET (e,M_ω^∞,p)

es librairies (e,T_ω^∞,p), $\omega\in\mathbb{N}$, et (e,M_ω^∞,p), $\omega\in\overline{\mathbb{N}}$, dont nous allons tudier la récurrence positive, font partie de l'ensemble des lirairies infinies linéaires et à racine. Nous montrerons d'abord, u § 1, que $\sum_{i=0}^{\infty} p_{e(i+1)}/p_{e(i)}<\infty$ est une <u>condition nécessaire</u> de écurrence positive pour <u>toutes</u> les chaînes de cet ensemble, puis, u § 2, que cette dernière condition est <u>suffisante</u> pour les chaîes considérées (e,T_ω^∞,p) et (e,M_ω^∞,p). Enfin, au § 3, nous nous inéresserons à la <u>distribution stationnaire</u> des librairies (e,T_ω^N,p) écurrentes positives.

. Condition nécessaire de récurrence positive.

<u>héorème 1.1</u>.

oit (S,p) une librairie dont l'arbre associé (T,γ) est tel que $= \mathbb{N}$ et $\gamma(t)=(t-1)^+$. Si (S,p) est récurrente positive, alors

$$\sum_{i=0}^{\infty} p_{e(i+1)}/p_{e(i)} < \infty .$$

<u>émonstration</u>.

i (S,p) est récurrente positive, elle possède une mesure stationaire $u:E_e\to R^+$ telle que $u(e)=1$.

onsidérons e comme un état tabou et introduisons l'ensemble de mots $X \subset B^*$ défini par

$$X = \{x \in B^* \; ; \; \forall\, i < l(x) \quad e * x_1 x_2 \dots x_i \neq e\} .$$

Soit maintenant $\pi \in E_e$ et posons

$$X_\pi = \{ x \in X \; ; \; e * x = \pi \}.$$

Il est bien connu (Feller, 1968 p.410) que, $Q(.)$ ayant été défini en (2.2.2), on a $Q(X_\pi) = u(\pi)$; et donc, puisque (S,p) est récurrente positive,

(1.1) $$Q(X) = \sum_{\pi \in E_e} Q(X_\pi) = \sum_{\pi \in E_e} u(\pi) < \infty .$$

Supposons maintenant que $F = [0,\omega]$ soit la mémoire principale de (S,p). Pour tout $i \geq \omega$, on définit l'ensemble de mots $Y_i \subset B^*$ par

(1.2) $$Y_i = e(i+1).[B \backslash e(i)]^* .$$

Puisque, pour $i \neq j$, les mots de Y_i et de Y_j diffèrent par leur première lettre, on a

(1.3) $$i \neq j \Rightarrow Y_i \cap Y_j = \emptyset.$$

D'autre part, si $x \in Y_i$, il est facile de voir que pour tout k dans $[1, l(x)]$, $[e * x_1 x_2 \dots x_k]^{-1}(e(i)) > i$, et par conséquent

(1.4) $$Y_i \subset X.$$

On déduit de (1.3) et (1.4) que $\sum_{i=\omega}^{\infty} Y_i \subset X$ et par suite, avec (1.1)

$$\sum_{i=\omega}^{\infty} Q(Y_i) \leq Q(X) < \infty .$$

Le résultat cherché provient du fait évident que $Q(Y_i) = \dfrac{p_{e(i+1)}}{p_{e(i)}}$. □

Il est vraisemblable que la condition nécessaire précédente caractérise la récurrence positive de toutes les librairies infinies cycliques et linéaires. Nous allons voir au paragraphe suivant que tel est bien le cas pour les chaînes dont on connaît une mesure stationnaire, i.e. pour (e,T_ω^∞,p), $\omega \in \mathbb{N}$, et (e,M_ω^∞,p), $\omega \in \overline{\mathbb{N}}$.

. Condition suffisante de récurrence positive.

Commençons par étudier les librairies (e,T_ω^∞,p), $\omega \in \mathbb{N}$.

Nous avons vu au corollaire 3.3.6 qu'une telle librairie admet pour mesure stationnaire homogène l'application $u(e,T_\omega^\infty,p;.)$ définie par

$$u(e,T_\omega^\infty,p;\pi) = \prod_{t=\omega+1}^{\infty} q_t(e)/q_t(\pi) \tag{2.1}$$

où, rappelons-le, $q_t(\pi) = \sum_{t\leq s} p_{\pi(s)} = 1 - s_{t-1}(\pi)$.

Nous avons le résultat suivant.

Théorème 2.1.

Pour tout entier ω, (e,T_ω^∞,p) est récurrente positive si et seulement si $\sum_{i=0}^{\infty} p_{e(i+1)}/p_{e(i)} < \infty$.

Démonstration.

En raison du théorème 1.1, il ne nous reste à prouver que la suffisance de la condition.

Posons, conformément à (2.2.9), $q_i = p_{e(i)}/q_{i+1}(e)$. On voit sans peine que

$$\sum_{i=0}^{\infty} p_{e(i+1)}/p_{e(i)} < \infty \Leftrightarrow \sum_{i=0}^{\infty} q_i^{-1} < \infty \Leftrightarrow \prod_{i=0}^{\infty} p_{e(i)}/q_i(e) > 0 \tag{2.2}$$

Cela étant, supposons remplie l'une quelconque des conditions précédentes. Alors, puisque tout élément de E_e ne diffère de e que sur un nombre fini de places, on a, pour tout $\pi \in E_e$,

$$v_\omega(\pi) = p_{\pi(0)}p_{\pi(1)}\cdots p_{\pi(\omega)}\cdot \prod_{t=\omega+1}^{\infty} p_{\pi(t)}/q_t(\pi) > 0. \tag{2.3}$$

Comme de plus $v_\omega(.)$ est proportionnelle à $u(e,T_\omega^\infty,p;.)$, prouver la récurrence positive de (e,T_ω^∞,p) revient à montrer que $v_\omega(E_e) < \infty$, où $v_\omega(X) = \sum_{\pi \in X} v_\omega(\pi)$ pour tout $X \subset E_e$.

Mais comme, pour tout π de E_e, et puisque $q_t(\pi) \leq 1$,

$$v_\omega(\pi) = \prod_{t=0}^{\omega} q_t(\pi).v_0(\pi) \leq v_0(\pi),$$

il suffit de prouver que $v_0(E_e) < \infty$.

Posons alors, pour tout entier n,

$$E_e^n = \{\pi \in E_e \ ; \ \forall t > n \quad \pi(t)=e(t)\} .$$

Comme E_e est la réunion des E_e^n et que $E_e^n \subset E_e^{n+1}$, il vient

$$v_0(E_e) = \lim_{n\to\infty} v_0(E_e^n) .$$

Or puisque

$$v_0(E_e^n) = \sum_{\pi \in E_e^n} \prod_{i=0}^{n} \frac{p_{\pi(i)}}{q_i(\pi)} \cdot \prod_{i>n} \frac{p_{e(i)}}{q_i(e)}$$

et que, d'après (2.2), $\lim_{n\to\infty} \prod_{i>n} p_{e(i)}/q_i(e) = 1$, on a

$$v_0(E_e) = \lim_{n\to\infty} \sum_{\pi \in E_e^n} \prod_{i=0}^{n} p_{\pi(i)}/q_i(\pi).$$

Or il est évident que $q_i(\pi) \geq \sum_{j=i}^{n} p_{\pi(j)}$; par conséquent

$$\sum_{\pi \in E_e^n} \prod_{i=0}^{n} \frac{p_{\pi(i)}}{q_i(\pi)} \leq \sum_{\pi \in E_e^n} \prod_{i=0}^{n} \left[p_{\pi(i)} \Big/ \sum_{j=i}^{n} p_{\pi(j)}\right]$$

Mais le membre de droite de l'inégalité précédente est égal à 1 d'après (3.3.3) et par conséquent $v_0(E_e) \leq 1$. $\square$

Examinons maintenant les librairies (e,M_ω^∞,p), $\omega \in \overline{\mathbb{N}}$.

l'étude de leur récurrence positive est considérablement simplifiée par le théorème suivant qui constitue l'un des résultats d'optimalité de la police de transposition et qui sera démontré dans la partie IV consacrée à ces questions.

Théorème 2.2.

Soit $u(e,M_{\omega}^{\infty},p;.)$ la mesure stationnaire homogène de $(e,M_{\omega}^{\infty},p)$, $\omega \in \overline{\mathbb{N}}$, définie en (3.4.7). Si pour tout entier i on a $p_{e(i+1)} \leq p_{e(i)}$, alors l'application de $\overline{\mathbb{N}}$ dans R^{+}: $\omega \mapsto u(e,M_{\omega}^{\infty},p;\pi)$ est décroissante.

Nous sommes à présent en mesure de prouver le

Théorème 2.3.

Pour tout $\omega \in \overline{\mathbb{N}}$, $(e,M_{\omega}^{\infty},p)$ est récurrente positive si et seulement si

$$\sum_{i=0}^{\infty} p_{e(i+1)}/p_{e(i)} < \infty .$$

Démonstration.

En raison du théorème 1.1, il ne nous reste à prouver que la suffisance de la condition.

Si $\sum_{i=0}^{\infty} p_{e(i+1)}/p_{e(i)} < \infty$, on peut toujours supposer, quitte à changer d'état initial tout en restant dans E_e, que, pour tout entier i, $p_{e(i+1)} \leq p_{e(i)}$.

Alors, puisque $(e,T_0^{\infty},p)=(e,M_0^{\infty},p)$, on déduit des théorèmes 2.1 et 2.2 que, pour tout $\omega \in \overline{\mathbb{N}}$,

$$\sum_{\pi \in E_e} u(e,M_{\omega}^{\infty},p;\pi) \leq \sum_{\pi \in E_e} u(e,T_0^{\infty},p;\pi) < \infty . \square$$

Si l'on veut construire des exemples de librairies $(e,T_{\omega}^{\infty},p)$ - ou $(e,M_{\omega}^{\infty},p)$ - récurrentes positives, il est avantageux de procéder, comme nous l'avons fait à l'exemple 2.2.2, à l'aide de la bijection φ définie en (2.2.9) et de (2.2).

Exemple 2.4.

Soit p la probabilité définie, pour tout entier k, par

$$p_{e(k)} = (k+1)(k+3)\,[(k+2)!]^{-2}.$$

Un calcul facile montre que $q=\varphi(p)$ est donné, pour tout entier k, par

$$q_k = (k+1)(k+3).$$

Comme

$$\sum_{k=0}^{\infty} q_k^{-1} = \sum_{k=0}^{\infty} 1/(k+1)(k+3) < \infty ,$$

on déduit de (2.2) et du théorème 2.1 que (e,T_ω^∞,p) est récurrente positive. □

3. Distribution stationnaire des librairies (e,T_ω^N,p).

D'après le théorème 2.1, une librairie (e,T_ω^N,p) avec $\omega\in\mathbb{N}$, $N\in\overline{\mathbb{N}}$ et $N>\omega+1$, est récurrente positive si $N<\infty$ ou si $N=\infty$ et la série de terme général $p_{e(i+1)}/p_{e(i)}$ converge. Dans ce cas, elle possède une distribution stationnaire donnée par le théorème suivant qui généralise la proposition 3.3.1. Nous laisserons de côté le résultat analogue relatif aux librairies (e,M_ω^N,p) récurrentes positives qui ne nous serait d'aucune utilité par la suite.

Avant d'énoncer ce théorème, introduisons quelques notations:

Etant donnés un ensemble B et un entier n tels que $n<\mathrm{card}B$, on désigne par

$$B_n = \{x\in B^{n+1}\ ;\ x_i\neq x_j \text{ pour } i\neq j\} \tag{3.1}$$

l'ensemble des mots sur B de longueur n+1 dont toutes les lettres sont distinctes.

D'autre part, E_e étant l'espace d'états d'une librairie (S,p) où S=[0,N], $N\in\bar{\mathbb{N}}$, on pose, pour $\sigma\in E_e$ et $n\leq N$,

$$(3.2)\qquad \sigma_n = \{\pi\in E_e \ ;\ \pi(i)=\sigma(i)\ \ \forall i\in[0,n]\}.$$

Nous pouvons maintenant énoncer le

Théorème 3.1.

Soit $U_{\omega,N}:E_e\to R^+$ la distribution stationnaire d'une librairie récurrente positive (e,T^N_ω,p). Alors, $Q(.)$ et B_ω ayant été définis en (2.2.2) et (3.1), on a

$$(3.3)\qquad U_{\omega,N}(\pi) = \frac{p_{\pi(0)}p_{\pi(1)}\cdots p_{\pi(\omega)}}{Q(B_\omega)}\prod_{t=\omega+1}^{N}\frac{p_{\pi(t)}}{q_t(\pi)}.$$

Démonstration.

Nous ne ferons la démonstration que dans le cas $N=\infty$.

Commençons par prouver (3.3) dans le cas $\omega=0$: puisque $Q(B_0)=Q(B)=1$, il s'agit de montrer que $U_{0,\infty}=v_0$, v_0 défini en (2.3). Mais comme $U_{0,\infty}=C.v_0$, il suffit par exemple de prouver que $U_{0,\infty}(e)=v_0(e)$.

Posons, en utilisant (1.4.6) et (3.2), et x^o désignant l'alphabet de x,

$$R^n(e,e_m) = \sum_{\pi\in e_m} R^n(e,\pi)$$

$$R^n_+(e,e_m) = \{x\in R^n(e,e_m)\ ;\ e(m)\in x^o\}.$$

Alors, $Q(.)$,$B_n(\pi)$ et $s_n(\pi)$ ayant été définis en (2.2.2),(1.4.9) et (2.2.6), on peut montrer comme dans l'exemple 1.4.3 que, d'une part, si $x\in R^n(e,e_m)\setminus R^n_+(e,e_m)$, alors, pour tout $p\geq m$, $e(p)\notin x^o$ et par suite

$$(3.4)\qquad Q[R^n(e,e_m)\setminus R^n_+(e,e_m)] \leq [s_{m-1}(e)]^n;$$

d'autre part que

$$R_{+}^{n}(e,e_m) = B^*e(m)B_{m-1}^*(e)e(m-1)\ldots e(1)B_0^*(e)e(0)\cap B^n$$

et donc

$$(3.5) \qquad Q[R_{+}^{n}(e,e_m)] = \sum p_{e(m)}s_{m-1}(e)^{h_{m-1}}\ldots p_{e(1)}s_0(e)^{h_0}p_{e(0)},$$

la sommation étant prise sur tous les entiers $h_0,\ldots,h_{m-1}$ dont la somme est inférieure ou égale à n-m-1.

Or, (e,T_0^∞,p) étant supposée récurrente positive,

$$U_{0,\infty}(e_m) = \lim_{n\to\infty} Q[R^n(e,e_m)]$$

et donc, d'après (3.4) et (3.5),

$$U_{0,\infty}(e_m) = \lim_{n\to\infty} Q[R_{+}^{n}(e,e_m)] = \prod_{t=0}^{m} p_{e(t)}/q_t(e) .$$

Mais, puisque $\{e\}$ est l'intersection des e_m et que $e_{m+1}\subset e_m$,

$$U_{0,\infty}(e) = \lim_{m\to\infty} U_{0,\infty}(e_m) = \prod_{t=0}^{\infty} p_{e(t)}/q_t(e) = v_0(e).$$

Observons que v_0, distribution stationnaire de (e,T_0^∞,p), est telle que si, pour tout $b\in B$, on remplace p_b par λp_b, $\lambda\in R^+$, sa valeur ne change pas; par conséquent, σ étant un élément de E_e, ω un entier et σ_ω ayant été défini en (3.2), on a

$$(3.6) \qquad \sum_{\pi\in\sigma_\omega} \prod_{t=\omega+1}^{\infty} p_{\pi(t)}/q_t(\pi) = 1 .$$

Soit maintenant ω quelconque; v_ω ayant été défini en (2.3) et σ^x de E_e étant tel que $\sigma^x(0)\sigma^x(1)\ldots\sigma^x(\omega)=x\in B_\omega$, on déduit de (3.6)

$$v_\omega(E_e) = \sum_{x\in B_\omega} p(x) \sum_{\pi\in\sigma_\omega^x} \prod_{t=\omega+1}^{\infty} p_{\pi(t)}/q_t(\pi) = Q(B_\omega),$$

ce qui montre bien (3.3). □

<u>Corollaire 3.2</u>.

Soit $N<\infty$, $(Y_{-n})_{n=0}^{\infty}=(e,T_\omega^N,p)^\infty$ la librairie stationnaire associée

(e, T_{ω}^{N}, p) et $n \in [\omega, N]$; alors, pour tout $\sigma \in E_e$,

$$P[Y_0 \in \sigma_n] = \frac{p_{\sigma(0)} p_{\sigma(1)} \cdots p_{\sigma(\omega)}}{Q(B_\omega)} \prod_{i=\omega+1}^{n} \frac{p_{\sigma(i)}}{1 - s_{i-1}(\sigma)}.$$

émonstration.

'après le théorème 3.1 on a

$$P[Y_0 \in \sigma_n] = \sum_{\pi \in \sigma_n} U_{\omega,N}(\pi)$$

$$= \frac{p_{\sigma(0)} p_{\sigma(1)} \cdots p_{\sigma(\omega)}}{Q(B_\omega)} \prod_{i=\omega+1}^{n} \frac{p_{\sigma(i)}}{1-s_{i-1}(\sigma)} \sum_{\pi \in \sigma_n} \prod_{t=n+1}^{N} \frac{p_{\pi(t)}}{q_t(\pi)}$$

e résultat découle immédiatement de (3.6). □

Chapitre 5

TRANSIENCE DES LIBRAIRIES

$(e,T^{\infty}_{\omega},p)$.

Dans ce chapitre nous allons montrer que, pour tout entier ω, $(e,T^{\infty}_{\omega},p)$ est transiente si et seulement si $\sum_{n=0}^{\infty} \prod_{i=0}^{n} \frac{p_{e(i)}}{1-s_i(e)} < \infty$.

1. Mots de retour à l'état initial.

Nous avons vu, à l'exemple 1.4.3, qu'il était possible, pour une structure (e,T^N_0), de décrire simplement l'ensemble des mots de retour à la disposition initiale et, à l'exemple 2.2.2, comment on pouvait déduire de cette description la transience d'une librairie (e,T^{∞}_0,p). La situation se complique sensiblement pour les librairies $(e,T^{\infty}_{\omega},p)$ avec $\omega>0$; dans ce paragraphe, nous allons analyser les mots de retour à l'origine sous l'aspect suivant: ω et N étant deux entiers naturels fixés, tels que $N>\omega+1$, soit $(Y_{-n})_{n=0}^{\infty}$ la librairie stationnaire associée à (e,T^N_{ω},p): nous nous proposons, m étant un entier tel que $\omega<m\leq N$ et $e_m=\{\pi\in E_e ; \pi(i)=e(i)\ \forall i\in[0,m]\}$, d'étudier l'ensemble

$$\{Y_0\in e_m\}\subset B^{\infty}_{\varepsilon},$$

où B^{∞}_{ε} a été défini en (2.3.10), ε étant un mot de remise au zéro pour la structure (e,T^N_{ω}).

.1. Définitions et caractérisation de $\{Y_0 \in e_m\}$.

oit $x = \ldots x_{-n}x_{-n+1}\ldots x_{-2}x_{-1}x_0 \in B_\varepsilon^\infty$.

ous dirons que $-i \leq 0$ est une occurrence de $b \in B$ dans x si $x_{-i}=b$.

bservons qu'il y a deux types d'occurrences: si, à l'instant $-i-1$, est placé en mémoire principale, i.e. si $Y_{-i-1}^{-1}(b) \in [0,\omega]$, sa onvocation à l'instant $-i$ ne changera rien à l'état de la chaîne. l en sera autrement si b est placé hors de la mémoire principale. eci nous conduit à la

éfinition 1.1.

ne occurrence $-i \leq 0$ de $b \in B$ dans $x \in B_\varepsilon^\infty$ est dite active si

$$Y_{-i}(x) \neq Y_{-i-1}(x).$$

'il existe une occurrence active de b dans x, on note

1.1) b^+/x

a dernière (i.e. la plus grande) occurrence active de b dans x; lus généralement, pour $C \subset B$, on note

1.2) C^+/x

a dernière occurrence active dans x des lettres de C.

ous sommes à présent en mesure d'énoncer la

roposition 1.2.

n a presque surement

$$Y_0(x) \in e_m \Leftrightarrow [B\setminus B_m(e)]^+/x < e(m)^+/x < \ldots < e(1)^+/x < e(0)^+/x$$

ù, rappelons-le, $B_m(e)=\{e(0),e(1),\ldots,e(m)\}$.

émonstration.

l est d'abord facile de voir que, étant donnés $\pi \in E_e$ et trois ivres a,b,c, on ne peut avoir

$$\pi^{-1}(a) < \pi^{-1}(b) \quad \text{et} \quad [\pi * c]^{-1}(b) < [\pi * c]^{-1}(a)$$

que si

(1.3) $\quad c = b$ <u>et</u> $\pi^{-1}(b) > \omega$.

Autrement dit, l'ordre relatif de deux livres ne peut être inversé que par la convocation, hors de la mémoire principale, du livre le plus à droite.

Remarquons ensuite que, d'après la loi forte des grands nombres, pour tout $b \in B$ et pour presque tout $x \in \{Y_0 \in e_m\}$, b^+/x existe.

Cela étant, démontrons l'implication de gauche à droite, l'autre étant triviale. Soit $k \in [1,m]$; à l'instant $e(k)^+/x$, le livre $e(k)$ occupe la place n°0, donc tous les autres livres sont à sa droite. Mais puisque $Y_0(x) \in e_m$, il faudra nécessairement, d'après (1.3), convoquer, après $e(k)^+/x$, $e(k-1)$ hors de la mémoire principale et, partant

$$e(k)^+/x < e(k-1)^+/x.$$

On démontrerait de même que $[B \setminus B_m(e)]^+/x < e(m)^+/x$. □

1.2. <u>Analyse (presque surement) de</u> $\{Y_0 \in e_m\}$.

D'après la proposition 1.2 et puisque $m > \omega$, si $Y_0(x) \in e_m$ il y a, après $e(m)^+/x$, au moins $\omega+1$ occurrences actives de lettres de $B_{m-1}(e)$. Soit alors $z = z_1 z_2 \dots z_{\omega+1} \in [B_{m-1}(e)]^{\omega+1}$ et notons

(1.4) $\quad \langle e_m \mid z \rangle$

l'ensemble des mots de $\{Y_0 \in e_m\}$ pour lesquels les $\omega+1$ lettres dont les occurrences actives sont immédiatement postérieures à $e(m)^+/x$ sont, <u>dans l'ordre</u>, $z_{\omega+1}, z_\omega, \dots, z_1$.

<u>Proposition 1.3</u>.

B_ω ayant été défini en (4.3.1),

$$\langle e_m \mid z \rangle \neq \emptyset \iff z \in B_\omega \cap B^*_{m-1}(e).$$

émonstration.

oient $-i_0 < -i_1 < \ldots < -i_k < -i_{k+1}$ k+2 occurrences actives consécuti-
es de lettres de B dans $x \in B_\varepsilon^\infty$, telles que

$$\begin{cases} x_{-i_0} = x_{-i_{k+1}} = b \\ x_{-i_j} \neq b \quad \text{pour} \quad 0 < j < k+1. \end{cases}$$

l'instant $-i_0$, le livre b occupe la place nº0, à l'instant $-i_1$, est "repoussé" à la place nº1,..., à l'instant $-i_j$, b est placé n j si $j \leqslant \omega$ ou hors de la mémoire principale si $j > \omega$.

ar conséquent, d'après (1.3) et puisque $x_{-i_{k+1}} = b$, il faut que $> \omega$; donc, entre deux occurrences actives consécutives d'une même ettre il y a au moins $\omega+1$ occurrences actives d'autres lettres, utrement dit on ne peut avoir $\omega+1$ occurrences actives consécuti-es que pour des lettres toutes distinctes. □

onnons-nous $z \in B_\omega \cap B^*_{m-1}(e)$, $w = w_1 w_2 \ldots w_{\omega+1} \in B^{\omega+1}$ et désignons par

1.5) $\langle w \mid e_m \mid z \rangle$

'ensemble des mots de $\langle e_m \mid z \rangle$ pour lesquels les $\omega+1$ lettres dont es occurrences actives sont immédiatement antérieures à $e(m)^+/x$ ont, <u>dans l'ordre</u>, $w_{\omega+1}, w_\omega, \ldots, w_1$.

bservons que, comme dans la proposition 1.3, il faut que $w \in B_\omega$ our que $\langle w \mid e_m \mid z \rangle \neq \emptyset$ mais une autre condition s'avère nécessaire.

roposition 1.4.

oient $z \in B_\omega \cap B^*_{m-1}(e)$ et $w \in B_\omega$. z étant fixé, $\langle w \mid e_m \mid z \rangle \neq \emptyset$ si t seulement si $w_1 \notin C_1, w_2 \notin C_2, \ldots, w_{\omega+1} \notin C_{\omega+1}$ où les ensembles $(C_i)_{i=1}^{\omega+1}$ sont définis par

$$\begin{cases} C_1 = \{ e(m), z_{\omega+1}, z_\omega, \ldots, z_3, z_2 \} \\ \ldots\ldots\ldots\ldots\ldots\ldots \end{cases}$$

$$(1.6)\quad \begin{cases} C_2 = \{\, w_1 \,, e(m) \,, z_{\omega+1}, \ldots, \; z_4 \,, \; z_3 \,\} \\ \quad \cdots\cdots\cdots\cdots\cdots\cdots \\ C \;\; = \{ w_{\omega-1}, \; w_{\omega-2}, \; w_{\omega-3}, \ldots, \; e(m), z_{\omega+1} \} \\ C_{\omega+1} = \{\, w_{\omega} \,, \; w_{\omega-1}, \; w_{\omega-2}, \ldots, \; w_1 \,, \; e(m) \} \end{cases}$$

Démonstration.

Il suffit encore une fois de remarquer qu'on ne peut avoir $\omega+1$ occurrences actives consécutives que pour des lettres toutes distinctes. □

On associe, à tout mot $w \in B_{\omega}$, un élément de E_e noté σ^w tel que

$$(1.7)\qquad w = \sigma^w(0)\ \sigma^w(1) \ldots \ \sigma^w(\omega).$$

$R(\pi, \pi')$ étant l'ensemble des mots de passage de π à π' (définition 1.4.1), puisque la disposition des livres ne peut changer que par la convocation d'un livre hors de la mémoire principale, il est clair que $R(\pi_1, \pi') = R(\pi_2, \pi')$ si π_1 et π_2 sont identiques en mémoire principale: on pourra donc parler sans ambiguïté de

$$R(\sigma^w, \pi'),$$

ou plus généralement, pour tout $X \subset E_e$, de

$$R(\sigma^w, X) = \sum_{\pi' \in X} R(\sigma^w, \pi').$$

Nous pouvons maintenant décomposer (presque surement) l'ensemble $\{Y_0 \in e_m\}$.

Théorème 1.5.

Soient $z \in B_{\omega} \cap B^*_{m-1}(e)$, $w \in B_{\omega}$ et $(C_i)_{i=1}^{\omega+1}$ définis en (1.6); $(zy)^{\circ}$ étant l'alphabet de $zy \in B^*$, posons

$$(1.8)\qquad N(z) = \{ y \in R(\sigma^z, e_m) \cap B^*_{m-1}(e) \ ; \ e(m-1) \in (zy)^{\circ} \}.$$

Nous avons alors

(1.9) $\quad \langle w \mid e_m \mid z\rangle = \{Y_0 \in \sigma_\omega^z\} e(m) C^*_{\omega+1} z_{\omega+1} \ldots C^*_1 z_1 N(z)$

et

(1.10) $\quad \{Y_0 \in e_m\} = \sum_{z \in B_\omega \cap B^*_{m-1}(e)} \quad \sum_{w_i \notin C_i} \langle w \mid e_m \mid z\rangle .$

Démonstration.

Il suffit, d'après les propositions 1.3 et 1.4, de démontrer (1.9). La fig. 15 représente $\langle w \mid e_m \mid z\rangle$, les occurrences actives étant distinguées par des points gras:

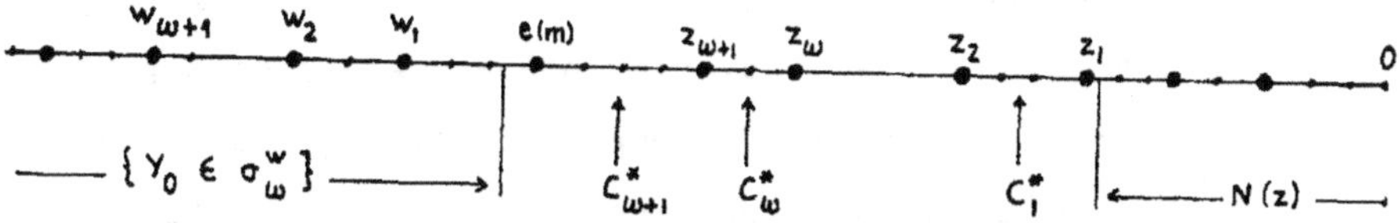

fig. 15

Un mot $x \in \langle w \mid e_m \mid z\rangle$ étant représenté ci-dessus, notons $j_x(w_{\omega+1})$, ..., $j_x(z_1)$, les occurrences actives des lettres $w_{\omega+1}, \ldots, z_1$ marquées sur la figure; en particulier $j_x(e(m)) = e(m)^+/x$.

Si on remarque qu'après $\omega+1$ occurrences actives consécutives de lettres (distinctes) $b_{\omega+1}, b_\omega, \ldots, b_1$, l'état de la mémoire principale est $(b_1, b_2, \ldots, b_{\omega+1})$, le résultat escompté provient des faits suivants:

A l'instant $j_x(e(m))-1$, l'état de la mémoire principale est $(w_1, w_2, \ldots, w_{\omega+1})$;

Entre $j_x(e(m))$ et $j_x(z_{\omega+1})-1$, les lettres de x appartiennent à $C_{\omega+1}$ et, pour tout $i \in [1,\omega]$, entre $j_x(z_{i+1})$ et $j_x(z_i)-1$, les lettres de x appartiennent à C_i.

A l'instant $j_x(z_1)$, l'état de la mémoire principale est $(z_1, z_2, \ldots, z_{\omega+1})$ et, de plus, d'après la proposition 1.2, si pour tout $i \in [1,\omega+1]$, $z_i \neq e(m-1)$, alors $e(m-1)^+/x > j_x(z_1)$. □

2. Transience des chaînes (e, T_ω^∞, p).

Considérons une librairie (e, T_ω^∞, p). Etudier sa transience c'est, d'après la proposition 2.2.1, étudier la convergence de la série de terme général $Q_n(e)$, défini en (2.2.4'). A défaut de pouvoir calculer exactement $Q_n(e)$ (comme on l'a fait à l'exemple 2.2.2 pour le cas particulier $\omega=0$), nous allons, pour n assez grand et à partir de l'analyse des mots de retour à l'origine faite au paragraphe précédent, en donner une valeur approchée. Cette approximation de $Q_n(e)$ suffira à obtenir la condition nécessaire et suffisante de transience de la chaîne considérée.

2.1. Approximation de $Q_n(e)$.

ω étant fixé, on se donne deux entiers n et m tels que

$$m = n+1 > 3\omega+2.$$

$N(z) = \{y \in R(\sigma^z, e_{n+1}) \cap B_n^*(e) \ ; \ e(m) \in (zy)^o\}$ ayant été défini en (1.8) et z étant un mot de $B_\omega \cap B_n^*(e)$, on pose

(2.1) $$M(z) = z.N(z) .$$

et

(2.2) $$r_n = \sum_{z \in B_\omega \cap B_n^*(e)} Q[M(z)] .$$

On a alors l'évaluation suivante de $Q_n(e)$.

Théorème 2.1.

Il existe deux constantes positives C_1 et C_2, indépendantes de n, elles que

$$C_1 . r_n \leq Q_n(e) \leq C_2 . r_n .$$

émonstration.

1. Majoration de $Q_n(e)$.

oit $z \in B_\omega \cap B_n^*(e)$ tel que

2.3) $$[e * z_{\omega+1} z_\omega \ldots z_1](i) = z_{i+1} \quad \forall i \in [0,\omega].$$

l est facile de voir que si on pose

$$D_{\omega+1}(z) = \{ e(0), e(1), \ldots, e(\omega-1), e(\omega) \}$$

$$D_\omega(z) = \{ z_{\omega+1}, e(0), \ldots, e(\omega-2), e(\omega-1) \}$$

$$\ldots\ldots\ldots\ldots\ldots\ldots\ldots\ldots$$

$$D_2(z) = \{ z_3 , z_4 , \ldots, e(0) , e(1) \}$$

$$D_1(z) = \{ z_2 , z_3 , \ldots, z_{\omega+1} , e(0) \}$$

n a, $R_n(e,e)$ ayant été défini en (1.4.10),

$$D_{\omega+1}^*(z) z_{\omega+1} \ldots D_1^*(z) z_1 N(z) \subset R_n(e,e).$$

n outre, en adaptant de manière évidente la définition 1.1 et la roposition 1.2 pour des mots finis, tout mot de $R_n(e,e)$ possède au oins $\omega+1$ occurrences actives (puisque $n \geq 3\omega+2$). On peut par conséuent associer à tout mot de $R_n(e,e)$ le mot $z \in B_\omega \cap B_n^*(e)$ vérifiant 2.3) formé par les $\omega+1$ premières lettres, notées $z_{\omega+1}, z_\omega, \ldots, z_1$, ont les occurrences sont actives. Par suite,

$$R_n(e,e) = \sum D_{\omega+1}^* z_{\omega+1} \ldots D_1^*(z) z_1 N(z)$$

ù la sommation porte sur tous les mots $z \in B_\omega \cap B_n^*(e)$ vérifiant la ondition (2.3).

ar conséquent

2.4) $$R_n(e,e) \subset \sum_{z \in B_\omega \cap B_n^*(e)} D_{\omega+1}^* z_{\omega+1} \ldots D_1^*(z) z_1 N(z) .$$

Cela étant, $s_m(\pi)$ ayant été défini en (2.2.6) et si on pose

$$s^+ = \sup_{\pi \in E_e} s_\omega(\pi)$$

il vient

$$(2.5) \quad \begin{cases} Q[D^*_{\omega+1}(z)]^{-1} = 1-s_\omega(e) & \geq 1 - s^+ \\ Q[D^*_\omega(z)]^{-1} = 1-s_{\omega-1}(e)-p_{z_{\omega+1}} & \geq 1 - s^+ \\ \cdots\cdots\cdots\cdots & \\ Q[D^*_2(z)]^{-1} = 1-s_1(e)-p_{z_3}-p_{z_4}-\ldots-p_{z_{\omega+1}} & \geq 1 - s^+ \\ Q[D^*_1(z)]^{-1} = 1-s_0(e)-p_{z_2}-p_{z_3}-\ldots-p_{z_{\omega+1}} & \geq 1 - s^+ . \end{cases}$$

On déduit alors de (2.2),(2.4) et (2.5) que

$$Q_n(e) \leq (1-s^+)^{-\omega-1}.r_n .$$

2. Minoration de $Q_n(e)$.

Un mot z de $B_\omega \cap B^*_n(e)$ ne vérifie pas forcément (2.3) et par suite $M(z)$ défini en (2.1) n'est pas forcément inclus dans $R_n(e,e)$. C'est pourquoi nous allons introduire, pour tout $z \in B_\omega \cap B^*_n(e)$, le mot $x(z)$ formé par les $\omega+1$ premières lettres de $\{e(\omega+1),e(\omega+2),\ldots,e(3\omega+2)\} \setminus z^o$; observons que $x(z)$ existe puisque $n \geq 3\omega+2$.

On pose aussi

$$(2.6) \qquad \widetilde{M}(z) = x(z).M(z) .$$

Puisqu'il est clair que $x(z)$ vérifie (2.3), après la convocation de toutes les lettres de $x(z)$, ces lettres occupent la mémoire principale et par suite toutes les lettres de z sont hors de la mémoire principale. Si maintenant on convoque toutes les lettres de z, l'état de la mémoire principale va devenir $(z_1,z_2,\ldots,z_{\omega+1})$.

Donc, en tenant compte de la définition (1.8) de $N(z)$ et de (2.6), il vient

$$\forall\, z \in B_\omega \cap B^*_n(e) \qquad \widetilde{M}(z) \subset R_n(e,e) .$$

ais comme, de plus,

$$w \in \widetilde{M}(z) \Rightarrow w_{\omega+2}w_{\omega+3}\cdots w_{2\omega+2} = z ,$$

n a

$$\widetilde{M}(z_1) \neq \widetilde{M}(z_2)$$

our deux mots distincts z_1 et z_2 de $B_\omega \cap B_n^*(e)$.

ar conséquent

$$(2.7) \qquad \sum_{z \in B_\omega \cap B_n^*(e)} \widetilde{M}(z) \subset R_n(e,e) .$$

i on pose

$$(2.8) \qquad p_- = \inf \{p_{e(i)} ; 0 \leq i \leq 3\omega+2\} ,$$

lors, d'après (2.6) et (2.8),

$$Q[\widetilde{M}(z)] = p[x(z)].Q[M(z)] \geq p_-^{\omega+1}.Q[M(z)]$$

t par suite, en utilisant (2.7) et (2.2),

$$p_-^{\omega+1}.r_n \leq Q_n(e) . \quad \square$$

.2. <u>Evaluation de r_n</u>.

ous avons vu au théorème 2.1 qu'on pouvait approcher $Q_n(e)$ par r_n éfini en (2.2). Contrairement à $Q_n(e)$, on sait évaluer exactement r_n comme le montre le

<u>héorème 2.2</u>.

$$r_n = \frac{p_{e(0)}p_{e(1)}\cdots p_{e(\omega)}}{1 - s_\omega(e)} \prod_{i=\omega+1}^{n} \frac{p_{e(i)}}{1 - s_i(e)}$$

ù, rappelons-le, $s_i(e)=p_{e(0)}+p_{e(1)}+\ldots+p_{e(i)}$.

<u>émonstration</u>.

étant un entier assez grand, considérons la librairie stationnaire $(Y_{-n})_{n=0}^{\infty}=(e,T_\omega^N,p^N)^\infty$ où e désigne, avec la même notation, la restriction de e à $[0,N]$ et où la probabilité p^N sur $B_N(e)$ se déduit de p par

$$p^N_{e(i)} = p_{e(i)}/s_N(e) \qquad (0 \leq i \leq N) . \tag{2.9}$$

Si P_N est la probabilité attachée à $(e,T^N_\omega,p^N)^\infty$ et B^∞_ε ayant été défini en (2.3.10), ε étant un mot de remise au zéro pour la structure (e,T^N_ω), nous poserons pour simplifier, A étant une partie propre de $B_N(e)$ et $X \subset A^*$,

$$P_N(X) = P_N(B^\infty_\varepsilon X) . \tag{2.10}$$

Alors, si

$$r^N_n = \sum_{z \in B_\omega \cap B^*_n(e)} P_N[M(z)] , \tag{2.11}$$

comme $M(z)$ est un ensemble de mots finis sur $B_n(e)$, nous aurons

$$r_n = \lim_{N \to \infty} r^N_n . \tag{2.12}$$

Il suffit donc de démontrer l'analogue du théorème 2.2 où on a remplacé $r_n, p_{e(i)}$ et $s_i(e)$ par r^N_n, $p^N_{e(i)}$ et $s^N_i(e) = p^N_{e(0)} + p^N_{e(1)} + \ldots + p^N_{e(i)}$. Cela étant, si on utilise la décomposition (1.9) de $\langle w \mid e_{n+1} \mid z \rangle$ donnée au théorème 1.5, le corollaire 4.3.2, (2.10) et la décomposition (2.1) de $M(z)$, il vient

$$P_N[\langle w \mid e_{n+1} \mid z \rangle] = \frac{1}{Q[(B_N(e))_\omega]} \, p^N_{e(n+1)} P_N[M(z)] \prod_{i=1}^{\omega+1} p^N_{w_i} \, P_N(C^*_i) . \tag{2.13}$$

Or, C étant une partie propre de $B_N(e)$, il est facile de voir que

$$\sum_{w \in B_N(e) \setminus C} p^N_w \, P_N(C^*) = 1$$

et par conséquent, si on se souvient de la définition (1.6) des ensembles C_i, il vient, en sommant successivement sur $w_1, w_2, \ldots, w_{\omega+1}$, le résultat suivant

(2.14) $$\sum_{w_i \notin C_i} \prod_{i=1}^{\omega+1} p^N_{w_i} . P_N(C^*_i) = 1 .$$

En utilisant (2.11),(2.13),(2.14) et le théorème 1.5, on a

(2.15) $$P_N[Y_0 \in e_{n+1}] = \frac{1}{Q[(B_N(e))_\omega]} \, p^N_{e(n+1)} \, r^N_n .$$

Le résultat cherché provient alors de (2.15) et du fait que, d'après le corollaire 4.3.2,

$$P_N[Y_0 \in e_{n+1}] = \frac{p^N_{e(0)} p^N_{e(1)} \cdots p^N_{e(\omega)}}{Q[(B_N(e))_\omega]} \prod_{i=\omega+1}^{n+1} \frac{p^N_{e(i)}}{1 - s^N_{i-1}(e)} . \square$$

2.3. <u>C.N.S. de transience</u>.

D'après la proposition 2.2.1, étudier la transience de (e,T^∞_ω,p) c'est étudier la série de terme général $Q_n(e)$ ou encore, d'après le théorème 2.1, la série de terme général r_n.

Nous avons le résultat suivant.

<u>Théorème 2.3</u>.

Pour tout entier ω, la librairie (e,T^∞_ω,p) est transiente si et seulement si

$$\sum_{n=0}^{\infty} \prod_{i=0}^{n} \frac{p_{e(i)}}{1 - s_i(e)} < \infty .$$

<u>Démonstration</u>.

Il suffit d'utiliser les théorèmes 2.1 et 2.2 et d'observer que $\prod_{i=0}^{\omega-1} [1 - s_i(e)]^{-1}$ est une constante indépendante de n. $\square$

Les exemples 4.2.4 et 2.2.2 nous fournissent des exemples de librairies (e,T^∞_ω,p) récurrente positive, récurrente nulle et transiente.

Revenons rapidement sur la condition nécessaire et suffisante de récurrence positive des chaînes (e,T_ω^∞,p): le théorème 4.2.1 montre en particulier qu'une telle chaîne ne peut être récurrente positive que si, pour tout entier i sauf un nombre fini, on a $p_{e(i+1)} < p_{e(i)}$; si l'exemple 2.2.2 montre que cette dernière condition n'est pas incompatible avec la transience, l'exemple suivant montre que le contraire de cette condition n'est pas incompatible avec la récurrence (nulle).

Exemple 2.4.

Soit la probabilité p définie pour tout entier $k \geq 0$ par

$$p_{e(2k)} = \frac{1}{3}\left(\frac{2}{9}\right)^k$$

$$p_{e(2k+1)} = \frac{4}{3}\, p_{e(2k)} > p_{e(2k)} \,.$$

Un calcul rapide montre que

$$\frac{p_{e(i)}}{1 - s_i(e)} = \begin{cases} 1/2 & \text{si } i = 2k \\ 2 & \text{si } i = 2k+1 \,. \end{cases}$$

Par conséquent

$$\prod_{i=0}^{2k+1} \frac{p_{e(i)}}{1 - s_i(e)} = 1$$

et donc, d'après le théorème 2.3, (e,T_ω^∞,p) est récurrente pour ce choix de p. □

Chapitre 6

VARIANTES MIXTES FINIES DES LIBRAIRIES DE TSETLIN

TRANSIENCE DES LIBRAIRIES (e,M_ω^∞,p).

u § 1, nous allons introduire et étudier une classe spéciale de ibrairies mixtes, appelées VMFT, contenant les chaînes (e,M_ω^∞,p), $\omega \in \mathbb{N}$. Nous montrerons que $\sum_{n=0}^{\infty} \prod_{i=0}^{n} \frac{p_{e(i)}}{1 - s_i(e)} < \infty$ est une condi- ion suffisante de transience pour toutes les librairies VMFT (§ 2) t une condition nécessaire et suffisante de transience pour toutes es chaînes (e,M_ω^∞,p), $\omega \in \mathbb{N}$ (§ 3).

. Définition et propriétés des librairies VMFT.

éfinition 1.1.

oit S_0 une structure *mixte finie* à $\omega+1$ places et dont l'arbre des ransposition, éventuellement réduit à un élément, est noté $T(S_0)$; es sommets de l'arbre T_0 associé à S_0 seront numérotés par les en- iers de 0 à ω, le numéro *ω étant attribué à un sommet de T*(S_0). ésignons (exceptionnellement et pour ne pas compliquer les nota- ions) par T^N (resp. T^∞) une structure de Tsetlin à N+1 places resp. infinie).

ne librairie (S,p) est dite *VMFT* (variante mixte finie de Tsetlin) i la structure S est le branchement d'une structure de Tsetlin sur S_0 en ω, autrement dit si $S=S_0-\{\omega\}-T^N$ ou $S=S_0-\{\omega\}-T^\infty$.

Définition 1.2.

$(S,p)=(S_0-\{\omega\}-T^{\infty},p)$ étant une librairie VMFT infinie d'état initial e et N étant un entier supérieur à ω, on appelle approximation d'ordre N de (S,p) la librairie VMFT finie, à N+1 livres, $(S,p)_N = (S_0-\{\omega\}-T^{N-\omega},p^N)$ où la probabilité p^N sur $B_N(e)$ est définie par

$$\begin{cases} p^N_{e(t)} = p_{e(t)} & (0 \leq t < N) \\ p^N_{e(N)} = \sum_{t=N}^{\infty} p_{e(t)} . \end{cases}$$

Donnons quelques exemples de librairies VMFT qui, notons-le bien, sont des librairies mixtes particulières:

Les librairies (e,M^N_{ω},p) (fig. 10) sont des VMFT pour tout $N \in \overline{\mathbb{N}}$ et $\omega \in \mathbb{N}$ (remarquons que la librairie de McCabe infinie $(e,M^{\infty}_{\infty},p)$ n'est pas une VMFT).

Une deuxième classe intéressante de librairies VMFT est obtenue en généralisant l'exemple 3.5.4 comme suit: on appelle $(e,H^{N+\omega}_{\omega},p)$, $N \in \overline{\mathbb{N}}$, $\omega \in \mathbb{N}$, une librairie dont la structure est le branchement d'une structure de Tsetlin T^N sur une marguerite à $\omega+1$ sommets en sa racine ω. La fig. 14 représente la structure d'une librairie (e,H_1,p) et la fig. 16 la structure d'une librairie (e,H^8_4,p).

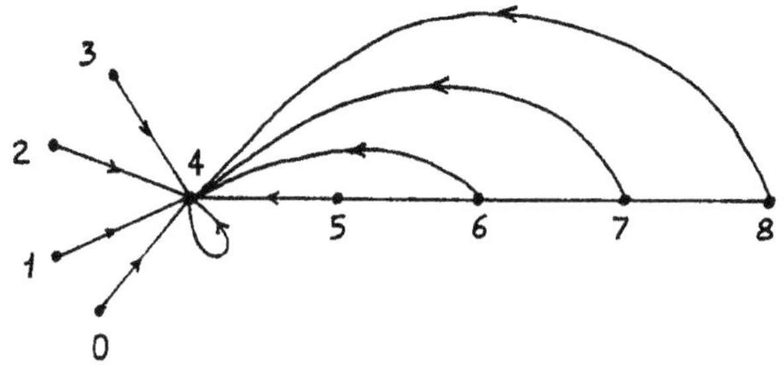

fig. 16

Enfin, la fig. 17 représente la structure d'une librairie VMFT 'ordinaire".

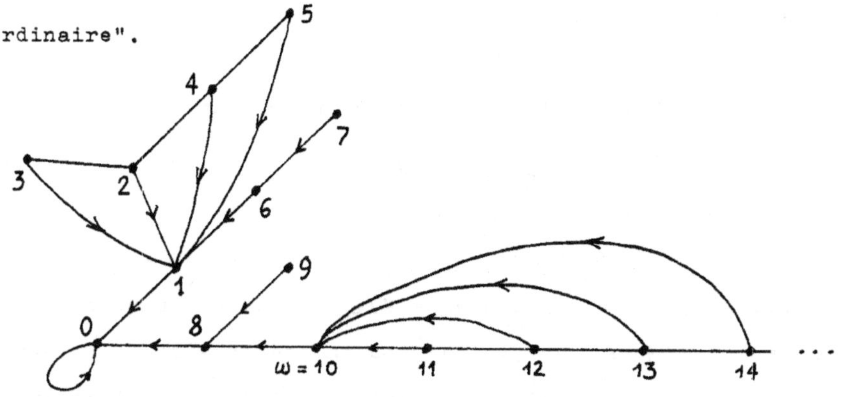

fig. 17

<u>ous nous proposons d'établir quelques propriétés concernant les</u> <u>ots de retour à l'état initial e pour une librairie VMFT infinie</u>. a définition même d'une librairie $(S_O - \{\omega\} - T^\infty, p)$ confère à la plae (au sommet) ω une importance particulière; c'est pourquoi lorsue, par exemple, on s'intéresse aux mots de $R_N(e,e)$ pour $N > \omega$ 1.4.10), il est utile d'observer plus particulièrement les insants où le livre $e(N)$ occupe la place ω , ce qui nous conduit à ntroduire les notations suivantes:

$_e$ étant l'espace d'états de $(S_O - \{\omega\} - T^\infty, p)$ et $\underline{N > \omega}$,

1.1) $$E_e^N = \{\pi \in E_e \ ; \ \pi(t) = e(t) \ \ \forall t > N\}$$

t, pour tout entier j, $\omega \leq j \leq N$,

1.2) $$E_j^N = \{\pi \in E_e^N \ ; \ \pi(j) = e(N)\} \ .$$

<u>our $\pi \in E_\omega^N$</u>, nous considèrerons aussi l'ensemble $R_\omega^N(\pi, e)$ des mots de assage de π à e sur l'alphabet $B_N(e)$ <u>sans repasser</u> par E_ω^N :

1.3) $$R_\omega^N(\pi,e) = \{x \in R(\pi,e) \cap B_N^*(e) \ ; \ \forall m \leq l(x) \ \ \pi * x_1 \ldots x_m \notin E_\omega^N\}$$

t, Q(.) ayant été défini en (2.2.2),

1.4) $$Q_\omega^N(\pi,e) = Q[R_\omega^N(\pi,e)] \ .$$

Nous pouvons à présent énoncer la

<u>Proposition 1.3</u>.

$Q_N(e,\pi)$ ayant été défini en (2.2.4'), on a, pour tout $N > \omega$,

$$Q_N(e) = \sum_{\pi \in E_\omega^N} Q_N(e,\pi).Q_\omega^N(\pi,e) .$$

<u>Démonstration</u>.

Soit $x=x_1x_2\ldots x_m \in R_N(e,e)$. Puisque $e(N) \in x^o$, on peut parler du premier instant $\inf\{i \leq m \ ; \ x_i=e(N)\}$ où on convoque le livre e(N); la police d'une librairie VMFT montre qu'à cet instant e(N) occupe la place ω. On peut donc considérer le dernier instant k où le livre e(N) occupe la place ω

$$k = \sup\{j \leq m \ ; \ [e*x_1x_2\ldots x_j](\omega) = e(N)\} .$$

Posons alors $y = x_1x_2\ldots x_k$; il est clair que $\pi = e*y \in E_\omega^N$ et puisque, de toute évidence, $k \geq \inf\{i \leq m \ ; \ x_i=e(N)\}$, $e(N) \in y^o$. Donc

$$y \in R_N(e,\pi) .$$

D'autre part, si $z = x_{k+1}x_{k+2}\ldots x_m$, il est clair que

$$z \in R_\omega^N(\pi,e) .$$

Comme $x = yz$, on en déduit que

$$R_N(e,e) \subset \sum_{\pi \in E_\omega^N} R_N(e,\pi).R_\omega^N(\pi,e) .$$

L'inclusion dans l'autre sens étant évidente, il vient, en utilisant (2.2.2) et (2.2.3),

$$Q_N(e) = \sum_{\pi \in E_\omega^N} Q_N(e,\pi).Q_\omega^N(\pi,e) \quad . \quad \square$$

A défaut de pouvoir évaluer exactement $Q_N(e)$ donné par la proposition précédente, on pourra, dans certains cas, en donner une valeur

pprochée, en utilisant une relation voisine faisant également in-
ervenir les nombres $Q^N_\omega(\pi,e)$ et que nous allons maintenant établir.
la librairie VMFT infinie $(S,p)=(S_0-\{\omega\}-T^\infty,p)$ d'état initial e,
ous allons associer, conformément à la définition 1.2, son appro-
imation d'ordre $\underline{N>\omega}$ $(S,p)_N$; l'espace d'états de $(S,p)_N$ peut
videmment être identifié à E^N_e (1.1) et nous continuerons, sans
isque d'erreur, à désigner par e son état initial. Soit enfin
$(Y^N_{-k})^\infty_{k=0} = (S,p)^\infty_N$ la librairie stationnaire associée à $(S,p)_N$.
ous avons alors la

<u>roposition 1.4</u>.

$$P[Y^N_0 = e] = \sum_{\pi\in E^N_\omega} P[Y^N_0 = \pi]\,.\,Q^N_\omega(\pi,e)\ .$$

<u>émonstration</u>.

oit T^N_ω le temps markovien à valeurs dans $-\mathbb{N}$ défini par

$$T^N_\omega = \sup\{t\leq 0\ ;\ Y^N_t\in E^N_\omega\}\ .$$

lors, en utilisant la propriété de Markov et la stationnarité de
a chaîne $(Y^N_{-k})^\infty_{k=0}$,

$$P[Y^N_0 = e] = \sum_{k=-1}^{\infty} P[Y^N_0 = e\ ,\ T^N_\omega = k]$$

$$= \sum_{\pi\in E^N_\omega} P[Y^N_0 = \pi] \sum_{k=-1}^{\infty} P[Y^N_0 = e, Y^N_{-1}\notin E^N_\omega,\dots,Y^N_{k+1} \notin E^N_\omega | Y^N_k = \pi]\ .$$

ar conséquent, si on note $K^N_\omega(\pi,e)$ la sommation de k variant de -1
∞ figurant dans le membre de droite de l'égalité précédente, il
uffit de démontrer que $K^N_\omega(\pi,e)=Q^N_\omega(\pi,e)$.

r $K^N_\omega(\pi,e)$ (resp. $Q^N_\omega(\pi,e)$) représente la probabilité selon p^N
resp. selon p) de passer de $\pi\in E^N_\omega$ à e en utilisant les livres de
$_N(e)$ et sans repasser par E^N_ω. Comme, d'après la définition 1.2,

p^N et p sont identiques sur $B_{N-1}(e)=B_N(e)\setminus\{e(N)\}$, le résultat sera établi si on prouve que les mots de $R^N_\omega(\pi,e)$ ne contiennent pas la lettre e(N), autrement dit si

(1.5) $$x \in R^N_\omega(\pi,e) \Rightarrow e(N) \notin x^o .$$

Mais ce résultat découle presqu'immédiatement de la police d'une librairie VMFT: en effet, si x_1 est la première lettre de $x \in R^N_\omega(\pi,e)$ et si $[\pi * x_1]^{-1}(e(N)) < \omega$, comme x est un mot de passage de π à e, il faudra que e(N) revienne à la place $N > \omega$ et cela ne pourra se faire qu'en repassant par ω, ce qui est impossible. Donc

$$[\pi * x_1]^{-1}(e(N)) > \omega$$

et ceci exige que $x_1 \neq e(N)$ soit tel que

(1.6) $$\pi^{-1}(x_1) > \omega .$$

Mais alors, e(N) étant, après la convocation de x_1, situé dans l' arbrisseau de Tsetlin (puisque $[\pi * x_1]^{-1}(e(N)) = \omega+1$) ne pourra pas être convoqué par la suite car sinon il reviendrait en ω. □

Nous nous proposons enfin d'expliciter la proposition précédente en tenant compte des deux faits suivants:

1. Pour une librairie finie, toutes les mesures stationnaires sont proportionnelles.

2. Nous pouvons, grâce au corollaire 3.4.2, trouver une mesure stationnaire d'une librairie VMFT puisqu'une telle librairie est mixte.

Soit donc $N > \omega$ et $(S_0 - \{\omega\} - T^{N-\omega}, p)$ une librairie VMFT à N+1 livres. Il est facile de déduire de (3.4.6) que toute mesure stationnaire $u(\pi)$ de cette chaîne peut s'écrire, en privilégiant les places de numéro supérieur à ω et :: signifiant "proportionnel à",

(1.7) $$u(\pi) :: \nu(\pi) \prod_{t=\omega+1}^{N} q_t(e)/q_t(\pi) .$$

où $\nu(\pi)$ est une fonction de $p_{\pi(0)}, p_{\pi(1)}, \dots, p_{\pi(\omega-1)}$ et de $q_t(\pi) = \sum_{s=t}^{N} p_{\pi(s)}$. Par conséquent, si on multiplie le deuxième membre de (1.7) par la constante $\prod_{t=0}^{\omega} p_{\pi(t)} \cdot \prod_{t=\omega+1}^{N} p_{\pi(t)} = \prod_{t=0}^{N} p_{e(t)}$ et si on le divise par la constante $\prod_{t=\omega+1}^{N} q_t(e)$, on obtient

(1.8) $$u(\pi) :: \mu(\pi) p_{\pi(\omega)} \prod_{t=\omega+1}^{N} p_{\pi(t)}/q_t(\pi)$$

où $\mu(\pi)$ est une fonction de $p_{\pi(0)}, p_{\pi(1)}, \dots, p_{\pi(\omega-1)}$.

A titre d'illustration, le lecteur vérifiera sans peine que pour une librairie (e, M_ω^N, p) on peut prendre

(1.8') $$\mu(\pi) = p_{\pi(0)}^{\omega+1} \cdot p_{\pi(1)}^{\omega} \cdot \dots \cdot p_{\pi(\omega-1)}^{2}$$

et que pour une librairie (e, H_ω^N, p) (fig. 16), on peut prendre

(1.8") $$\mu(\pi) = 1 .$$

Dans la proposition 1.4, interviennent les nombres $P[Y_0^N = \pi]$ pour $\pi \in E_\omega^N$. Introduisons sur E_ω^N la relation d'équivalence suivante

$$\pi_1 \sim \pi_2 \iff \pi_1(t) = \pi_2(t) \quad \forall\, t \in [0, \omega].$$

Si on désigne par $E_\omega^N/\sim$ l'ensemble-quotient et par $\tilde{\pi}$ ses éléments, on déduit de (1.8), de l'identité de Rackusin (3.3.3) et puisque $\pi(\omega) = e(N)$,

(1.9) $$u(\tilde{\pi}) = \sum_{\pi \in \tilde{\pi}} u(\pi) :: \mu(\pi)\, p_{e(N)} .$$

Nous sommes à présent en mesure d'énoncer la

<u>Proposition 1.5</u>.

1. Soient π_1 et π_2 deux éléments de E_ω^N.

$$\pi_1 \sim \pi_2 \quad \Rightarrow \quad Q_\omega^N(\pi_1, e) = Q_\omega^N(\pi_2, e) \ .$$

On pourra donc parler de $Q_\omega^N(\tilde{\pi}, e)$.

2. Etant donnés une librairie VMFT <u>infinie</u> $(S,p)=(S_0-\{\omega\}-T^\infty,p)$ et un entier $N>\omega$, la fonction $\mu(\pi)$ associée à $(S,p)_N$ par (1.7) ne dépend que de $p_{\pi(0)}, p_{\pi(1)}, \ldots, p_{\pi(\omega-1)}$ et nous avons

$$\text{(1.10)} \qquad \sum_{\tilde{\pi} \in E_\omega^N/\sim} \mu(\pi) Q_\omega^N(\tilde{\pi}, e) = \mu(e) \prod_{i=\omega}^{N-1} \frac{p_{e(i)}}{1 - s_i(e)}$$

où, rappelons-le, $s_i(e)=p_{e(0)}+p_{e(1)}+\ldots+p_{e(i)}$.

<u>Démonstration</u>.

1. Soient $\pi_1 \in E_\omega^N$ et $x \in R_\omega^N(\pi_1, e)$. L'examen de la police montre que puisqu'à l'instant initial (disposition π_1) $e(N)$ est à la place ω et qu'à l'instant final (disposition $\pi_1 * x$) $e(N)$ est à la place N, x qui, d'après (1.5), ne contient pas la lettre $e(N)$, devra par contre contenir au moins une fois chacune des lettres $\pi_1(\omega+1)$, $\pi_1(\omega+2), \ldots, \pi_1(N)$.
Il est alors évident, en observant les états successifs entre π_1 et $e = \pi_1 * x$, que le fait pour x d'être un mot de passage de π_1 à e sans repasser par E_ω^N ne dépend que de $(\pi_1(0), \pi_1(1), \ldots, \pi_1(\omega))$ et que de l'ordre de convocation de chacun des livres de $B_N(\pi_1) \setminus B_\omega(\pi_1)$ <u>indépendamment</u> de leur place initiale (selon π_1). Autrement dit, si $\pi_2 \in E_\omega^N$ et $\pi_2 \sim \pi_1$, alors $x \in R_\omega^N(\pi_2, e)$.

2. Soit $(Y_{-k}^N)_{k=0}^\infty = (S,p)_N^\infty$ la librairie stationnaire associée à l'approximation d'ordre N d'une librairie VMFT infinie (S,p).
La relation (1.8) montre que $P[Y_0^N = \pi]$ est proportionnel à

$$\mu(\pi) \; p_{\pi(\omega)}^N \prod_{t=\omega+1}^{N} p_{\pi(t)}^N / q_t^N(\pi)$$

où $\mu(\pi)$ ne dépend que de $p_{\pi(0)}^N, p_{\pi(1)}^N, \ldots, p_{\pi(\omega-1)}^N$, c'est-àdire, lorsque $\pi \in E_{\omega}^{N}$ ou $\pi = e$, de $p_{\pi(0)}, p_{\pi(1)}, \ldots, p_{\pi(\omega-1)}$ puisque, d'après la définition 1.2, p^N et p sont identiques sur $B_{N-1}(e)$.

Par conséquent, en utilisant (1.9), la proposition 1.4 et la première partie de cette proposition, on a

$$\sum_{\tilde{\pi} \in E_{\omega}^{N}/\sim} \mu(\pi) p_{e(N)}^{N} Q_{\omega}^{N}(\tilde{\pi}, e) = \mu(e) p_{e(\omega)}^{N} \prod_{t=\omega+1}^{N} p_{e(t)}^{N} / q_{t}^{N}(e).$$

Le résultat escompté résulte du fait que $p_{e(N)}^{N} = \sum_{t=N}^{\infty} p_{e(t)} = 1 - s_{N-1}(e)$ que $p_{e(t)}^{N} = p_{e(t)}$ pour $t < N$ et que $q_{t}^{N}(e) = \sum_{s=t}^{N} p_{e(s)}^{N} = 1 - s_{t-1}(e)$. □

Explicitons, à l'aide des résultats (1.8') et (1.8"), la relation (1.10) pour les deux cas particuliers que nous avons considérés plus haut:

Pour une librairie $(e, M_{\omega}^{\infty}, p)$, $\omega \in \mathbb{N}$, on a

$$(1.10') \qquad \sum_{\tilde{\pi} \in E_{\omega}^{N}/\sim} p_{\pi(0)}^{\omega+1} \cdots p_{\pi(\omega-1)}^{2} Q_{\omega}^{N}(\tilde{\pi}, e) = \ldots$$

$$\ldots = p_{e(0)}^{\omega+1} \cdots p_{e(\omega-1)}^{2} \prod_{i=\omega}^{N-1} \frac{p_{e(i)}}{1 - s_i(e)}.$$

Pour une librairie $(e, H_{\omega}^{\infty}, p)$. $\omega \in \mathbb{N}$, on a

$$(1.10") \qquad \sum_{\tilde{\pi} \in E_{\omega}^{N}/\sim} Q_{\omega}^{N}(\tilde{\pi}, e) = \prod_{i=\omega}^{N-1} \frac{p_{e(i)}}{1 - s_i(e)}.$$

2. <u>Condition suffisante de transience pour les librairies VMFT</u>.

Dans ce paragraphe, une librairie VMFT infinie $(S_0 - \{\omega\} - T^{\infty}, p)$ et un entier $N > \omega$ étant donnés, nous allons montrer que les propositions 1.3 et 1.5 permettent d'obtenir une majoration de $Q_N(e)$, ce qui nous fournira une condition suffisante de transience pour la librairie VMFT considérée. Nous devons au préalable introduire quelques définitions et établir une proposition préliminaire.

E_e^N et E_j^{N+1} pour $j \geq \omega$ ayant été définis en (1.1) et (1.2) et τ désignant la police de la librairie VMFT considérée, nous allons définir une application $\pi \longmapsto \bar{\pi}$ de E_j^{N+1} dans E_e^N comme suit:

(2.1) $$\bar{\pi} = \pi \circ \tau_{j+1} \circ \tau_{j+2} \circ \ldots \circ \tau_{N+1} .$$

Considérons de plus, pour $\pi \in E_e^N$, l'ensemble $\hat{R}_N(\pi, e)$ des mots de passage de π à e sur l'alphabet $B_N(e)$ contenant au moins une fois chacune des lettres $\pi(\omega+1), \pi(\omega+2), \ldots, \pi(N)$:

(2.2) $$\hat{R}_N(\pi, e) = \{x \in R(\pi, e) \cap B_N^*(e) \ ; \ \forall t \ \ \omega < t \leq N \ \ \exists i : x_i = \pi(t)\}$$

et posons

(2.3) $$\hat{Q}_N(\pi, e) = Q[\hat{R}_N(\pi, e)] .$$

Nous avons alors la

<u>Proposition 2.1</u>.

Pour tout π de E_ω^{N+1}, on a

$$Q_\omega^{N+1}(\pi, e) = \sum_{t=\omega+1}^{N+1} p_{\pi(t)} \cdot \hat{Q}_N(\overline{\pi \circ \tau_t}, e) .$$

<u>Démonstration</u>.

Soit $\pi \in E_\omega^{N+1}$ et $x = x_1 x_2 \ldots x_m \in R_\omega^{N+1}(\pi, e)$.

On sait d'après (1.6) que $x_1 = \pi(t)$ pour un certain $t \in [\omega+1, N+1]$ et donc

(2.4) $$\pi * x_1 = \pi \circ \tau_t .$$

$z = x_2 x_3 \ldots x_m$ est donc, d'après (2.4), un mot de passage de $\pi \circ \tau_t$ (élément de $E_{\omega+1}^{N+1}$) à e.

D'autre part, puisque $[\pi * x_1]^{-1}(e(N+1)) = \omega+1$, $e(N+1)$ est placé dans l'arbrisseau de Tsetlin et ne pourra pas être convoqué car sinon il reviendrait en ω ; par conséquent $e(N+1) \notin z^{\circ}$.

Enfin, puisque z est un mot de passage à e, $e(N+1)$ devra retrouver finalement sa position initiale N+1 et ceci ne pourra avoir lieu que si on convoque au moins une fois chacun des livres occupant les positions $\omega+2, \omega+3, \ldots, N+1$ (selon $\pi * x_1$), c'est-à-dire que z devra contenir au moins une fois chacune des lettres de l'ensemble $\{\pi(\omega+1), \pi(\omega+2), \ldots, \pi(N+1)\} \setminus \{\pi(t)\}$.

Les trois faits précédents, liés à l'examen de la police τ, montrent aisément que $z \in \hat{R}_N(\overline{\pi \circ \tau_t}, e)$.

En définitive, x s'écrit

$$x = \pi(t).z \quad \text{avec} \quad \omega < t \leq N+1 \quad \text{et} \quad z \in \hat{R}_N(\overline{\pi \circ \tau_t}, e),$$

d'où l'on déduit le résultat annoncé. □

Nous pouvons maintenant obtenir la majoration de $Q_N(e)$ cherchée.

Théorème 2.2.

Pour toute librairie VMFT infinie $(S_0 - \{\omega\} - T^{\infty}, p)$ on a

$$Q_N(e) \leq \frac{1}{p_{e(\omega)}} \prod_{i=\omega}^{N} \frac{p_{e(i)}}{1 - s_i(e)} .$$

Par conséquent, pour que $(S_0 - \{\omega\} - T^{\infty}, p)$ soit transiente il suffit que

$$(2.5) \qquad \sum_{n=0}^{\infty} \prod_{i=0}^{n} \frac{p_{e(i)}}{1 - s_i(e)} < \infty .$$

Démonstration.

Soit $\tilde{e}$ la classe d'équivalence de $e \circ \tau_{N+1} \in E_{\omega}^{N+1}$; il est clair que

$$\mu(e) Q_{\omega}^{N+1}(\tilde{e}, e) \leq \sum_{\tilde{\pi} \in E_{\omega}^{N+1}/\sim} \mu(\pi) Q_{\omega}^{N+1}(\tilde{\pi}, e)$$

Par conséquent, en utilisant (1.10) et en simplifiant par $\mu(e)$,

$$Q_{\omega}^{N+1}(\tilde{e},e) \leq \prod_{i=\omega}^{N} \frac{p_{e(i)}}{1-s_i(e)} .$$

Autrement dit, en tenant compte de la proposition 1.5,

$$(2.6) \qquad Q_{\omega}^{N+1}(eo\tau_{N+1},e) \leq \prod_{i=\omega}^{N} \frac{p_{e(i)}}{1-s_i(e)} .$$

D'autre part, d'après la proposition 2.1,

$$Q_{\omega}^{N+1}(eo\tau_{N+1},e) \geq p_{eo\tau_{N+1}(\omega+1)} \cdot \hat{Q}_N(\overline{eo\tau_{N+1}o\tau_{\omega+1}},e)$$

et donc, puisque

$$eo\tau_{N+1}(\omega+1) = e(\omega)$$

et

$$\overline{eo\tau_{N+1}o\tau_{\omega+1}} = e ,$$

on déduit de (2.6)

$$(2.7) \qquad p_{e(\omega)} \cdot \hat{Q}_N(e,e) \leq \prod_{i=\omega}^{N} \frac{p_{e(i)}}{1-s_i(e)} .$$

Il suffit donc de montrer que $\hat{Q}_N(e,e)=Q_N(e)$.

Or par définition (2.2), $\hat{R}_N(e,e) \subset R_N(e,e)$; d'autre part, soit $x = x_1x_2\ldots x_m \in R_N(e,e)$. Puisque $e(N) \in x^o$ et qu'à la première convocation de $e(N)$ ce livre vient en ω, on peut considérer

$$k = \sup\{j \leq m \ ; \ [\pi * x_1x_2\ldots x_j]^{-1}(e(N)) = \omega\} .$$

Soit alors $j > \omega$; si $e(j)$ n'a pas été convoqué avant l'instant k, il devra nécessairement l'être après car sinon $e(N)$ ne pourrait pas revenir a la place N. Par conséquent $R_N(e,e)=\hat{R}_N(e,e)$ et finalement $\hat{Q}_N(e,e)=Q_N(e)$.

La condition (2.5) provient immédiatement de la proposition 2.2.1 et du fait que $\frac{1}{p_{e(\omega)}} \prod_{i=0}^{\omega-1} p_{e(i)}/[1-s_i(e)]$ ne dépend pas de N. □

3. Condition nécessaire et suffisante de transience pour les librairies (e, M_ω^∞, p), $\omega \in \mathbb{N}$.

La condition (2.5) n'est pas, comme nous le verrons au chapitre 9, une condition nécessaire et suffisante de transience pour toutes les librairies VMFT infinies. Nous allons néanmoins montrer dans ce paragraphe que tel est bien le cas pour les chaînes (e, M_ω^∞, p), $\omega \in \mathbb{N}$, ce dernier résultat pouvant d'ailleurs s'étendre sans difficulté à toutes les librairies VMFT infinies linéaires, c'est-à-dire dont la structure peut être représentée comme suit

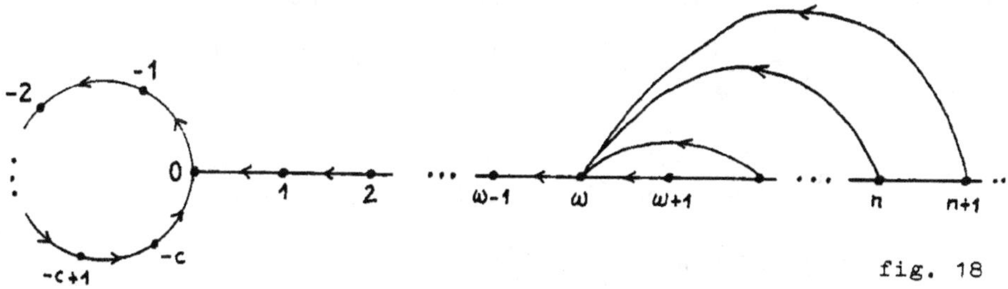

fig. 18

Soit donc $\omega \in \mathbb{N}$, une chaîne (e, M_ω^∞, p) et un entier $N > \omega$. Commençons par établir le résultat préliminaire suivant.

Proposition 3.1.

B_ω ayant été défini en (4.3.1), pour tout mot $b = b_0 b_1 \dots b_\omega \in B_\omega \cap B_N^*(e)$ il existe un mot $w(b) \in B_N^*(e)$ tel que

1. $w(b)$ est de longueur $(\omega+1)(\omega+2)/2$,

2. $p[w(b)] \geq p_{b_0}^{\omega+1} \cdot p_{b_1}^{\omega} \cdot \ \dots \ \cdot p_{b_{\omega-1}}^{2} \cdot p_{b_\omega}$,

3. $e * w(b) = \pi$ tel que $\pi(i) = b_i$, $0 \leq i \leq \omega$.

Démonstration.

On peut supposer sans perte de généralité (quitte à prendre, tout en restant dans E_e, un autre état initial e') que

(3.1) $$p_e(0) = \sup_{t \in \mathbb{N}} p_e(t) .$$

Ceci étant, soit une place $i \in [0,\omega]$, $\pi \in E_e$ et c un livre tel que $\pi^{-1}(c) \geq i$. On pose

$$\delta_\pi(c,i) = \begin{cases} \pi^{-1}(c)-i & \text{si } \pi^{-1}(c) \leq \omega \\ \omega-i+1 & \text{si } \pi^{-1}(c) > \omega . \end{cases}$$

Soit alors $n(0)= \delta_e(b_0,0)$ et $w_0 = b_0^{n(0)}$ le mot formé de n(0) lettres b_0; on voit immédiatement que $(e*w_0)(0)=b_0$. Poursuivons la construction en considérant successivement les mots

$$w_1 = b_1^{n(1)},\ w_2 = b_2^{n(2)},\ \ldots\ ,\ w_\omega = b_\omega^{n(\omega)},$$

où

$$n(1) = \delta_{e*w_0}(b_1,1),$$

$$n(2) = \delta_{e*w_0w_1}(b_2,2),$$

$$\ldots\ldots\ldots$$

$$n(\omega) = \delta_{e*w_0w_1\ldots w_{\omega-1}}(b_\omega,\omega) .$$

Si maintenant on pose

(3.2) $$w = w_0w_1\ldots w_\omega ,$$

il vient

(3.3) $$\forall i \in [0,\omega] \qquad (e*w)(i) = b_i .$$

Comme $\delta_\pi(c,i) \leq \omega-i+1$,

$$l(w) \leq 1+2+\ldots+(\omega+1) = (\omega+1)(\omega+2)/2 = S.$$

Nous pouvons par conséquent définir

(3.4) $$w(b) = \check{e}(0).w$$

ù $\nu = S - l(w) \geqslant 0$.

ar construction $l[w(b)] = \nu + l(w) = S$.

'autre part, puisque $p[w(b)] = p_{e(0)}^{\nu} p_{b_0}^{n(0)} p_{b_1}^{n(1)} \ldots p_{b_\omega}^{n(\omega)}$ et que

$(i) \leq \omega - i + 1$ pour $0 \leq i \leq \omega$, on déduit de (3.1) que w(b) vérifie

a propriété 2.

nfin, puisque $e * \overset{\nu}{e}(0) = e$, on déduit de (3.3) que w(b) vérifie la

ropriété 3. □

emarque 3.2.

n aurait pu, mais au prix d'une démonstration nettement plus lon-
ue, améliorer les propriétés 1 et 2 de la proposition précédente
n l'unique propriété suivante: w(b) contient une lettre b_ω, deux
ettres $b_{\omega-1}$, ... , $\omega+1$ lettres b_0.

ous sommes à présent en mesure de démontrer le

héorème 3.3.

our tout entier ω, la chaîne (e, M_ω^∞, p) est transiente si et seuleent si

$$\sum_{n=0}^{\infty} \prod_{i=0}^{n} \frac{p_{e(i)}}{1 - s_i(e)} < \infty .$$

émonstration.

'après le théorème 2.2, il suffit de montrer que (2.5) est une
ondition nécessaire de transience.

oit donc une librairie (e, M_ω^∞, p) où $\omega \in \mathbb{N}$ et soit N un entier supé-
ieur à ω. On déduit immédiatement de (1.10'), des propositions
.5 et 2.1 et de la propriété 3 de la proposition 3.1 que

$$(3.5) \qquad \sum p_{b_0}^{\omega+1} p_{b_1}^{\omega} \ldots p_{b_\omega} \hat{Q}_N(e * w(b), e) = \mu(e) \prod_{i=\omega}^{N} \frac{p_{e(i)}}{1 - s_i(e)} ,$$

ù la sommation est prise sur tous les mots $b = b_0 b_1 \ldots b_\omega \in B_\omega \cap B_N^*(e)$

et où $\mu(e) = p_{e(0)}^{\omega+1} p_{e(1)}^{\omega} \cdots p_{e(\omega-1)}^{2}$.

Si on utilise la propriété 2 de la proposition 3.1, (3.5) implique

$$\sum p[w(b)]\, \hat{Q}_N(e*w(b),e) \geq \mu(e) \prod_{i=\omega}^{N} \frac{p_{e(i)}}{1 - s_i(e)} . \tag{3.6}$$

Considérons maintenant les ensembles

$$Z(b) = w(b).\hat{R}_N(e*w(b),e) \tag{3.7}$$

des mots x de la forme $x=w(b)y$ où $y \in \hat{R}_N(e*w(b),e)$.

Soit alors $x=w(b)y \in Z(b)$; si $e(N)$ est l'un des $b_i, 0 \leq i \leq \omega$, alors, par construction, $w(b)$ contient $e(N)$ mais si $e(N) \neq b_i, 0 \leq i \leq \omega$, alors, par définition de $\hat{R}_N(e*w(b),e)$, y contient $e(N)$. Par conséquent, $Z(b) \subset R_N(e,e)$.

D'autre part, les propriétés 1 et 3 de la proposition 3.1 impliquent que

$$Z(b_1) \cap Z(b_2) = \emptyset \quad \text{si} \quad b_1 \neq b_2 .$$

En définitive

$$\sum p[w(b)]\, \hat{Q}_N(e*w(b),e) \leq Q_N(e)$$

et donc, en utilisant (3.6),

$$Q_N(e) \geq \mu(e) \prod_{i=\omega}^{N} \frac{p_{e(i)}}{1 - s_i(e)} .$$

Le résultat escompté découle de la proposition 2.2.1. □

PARTIE III

GEOMETRIE DES STRUCTURES
ET
RECURRENCE DES LIBRAIRIES

Considérons un exemple classique de chaînes de Markov: les marches aléatoires sur un groupe abélien. On sait que la récurrence de ces chaînes est liée à la géométrie du groupe; ainsi, par exemple, Dudley (1962) a montré que tout groupe de rang inférieur ou égal à 2 possède une marche aléatoire récurrente. Nous allons, dans cette partie, examiner des problèmes de ce type pour les chaînes de Markov sur les permutations: S étant une structure donnée, nous nous proposons de montrer le rôle que joue la géométrie de cette structure dans l'étude des librairies (S,p).

Le premier résultat dans cette direction provient tout simplement de l'adaptation, selon une idée de Kesten, du théorème de Dudley mentionné plus haut: si l'on convient de dire qu'une structure S est récurrente s'il existe une librairie associée récurrente (on définirait de même des structures récurrentes positives, transientes,...), alors

(1) toute structure cyclique est récurrente.

Ce résultat appelle immédiatement deux questions:

1. La présence d'un cycle dans une structure caractérise-t-elle la récurrence de cette structure?

2. Y a-t-il une caractérisation géométrique du même type pour les structures transientes?

C'est à l'étude de ces deux questions qu'est consacré le chapitre 7. Bien que nous n'ayons pas pu apporter une réponse définitive à la question 1, nous montrons néanmoins que pour une vaste classe de structures contenant (entre autres!) toutes les structures mixtes et les structures linéaires de Rivest

(2) leur récurrence est caractérisée par la présence d'un cycle.

D'autre part, répondant à la question 2, nous montrons que, contrairement à sa récurrence, la transience d'une structure n'est pas conditionnée par sa géométrie, autrement dit que

(3) toute structure est transiente.

Signalons que, contrairement à celle de (1), la démonstration de (3) est "constructive" en ce sens que pour chaque structure S (par exemple une marguerite) on peut déterminer explicitement une probabilité p telle que la librairie (S,p) soit transiente. Il nous a semblé intéressant de montrer que pour certaines structures cycliques particulières (dont celle de la marguerite) on pouvait préciser (1) en en donnant une démonstration "constructive".

Au chapitre 8, en utilisant (Dies,1981), nous nous intéressons à la récurrence positive des librairies. Ce problème étant lié à la connaissance d'une mesure stationnaire, nous nous contentons d'étudier les librairies mixtes. Ici encore, la géométrie de la structure joue un rôle fondamental; on sait déjà, d'après (2), qu'aucune librairie mixte acyclique ne peut être récurrente (positive) mais, de plus, nous sommes en présence de la situation typique suivante:

A l'exemple 3.5.4, nous avons vu que la structure mixte cyclique (e,H_1^∞) représentée à la fig. 14 est telle que, pour tout choix de p, la librairie (e,H_1^∞,p) n'est pas récurrente positive.

Par contre, au théorème 4.2.1, nous avons vu qu'une librairie de Tsetlin (e,T_0^∞,p) est récurrente positive si et seulement si

(4) $$\sum_{i=0}^{\infty} p_{e(i+1)}/p_{e(i)} < \infty .$$

Pour le cas général, on parvient à isoler une classe particulière $\mathcal{C}$ de structures mixtes cycliques telle que:

1. Si $S \notin \mathcal{R}$, alors (S,p) n'est récurrente positive pour aucun choix de p.

2. Si $S \in \mathcal{R}$, et si la numérotation par N des sommets de S est une fonction croissante de la distance au cycle, (S,p) est récurrente positive si et seulement si on a (4).

Enfin, au chapitre 9, nous posons le problème de la classification des librairies et des structures mixtes. La difficulté à prouver la transience d'une librairie empêche évidemment d'obtenir une classification complète des librairies mixtes selon leur type. Nous montrons cependant qu'une telle classification est nécessairement plus "raffinée" que celle résultant de la récurrence positive; en effet, si, conformément à (2), on se limite à l'étude des chaînes cycliques, on peut prouver que:

1. Les librairies (e,T_0^∞,p) -où $(e,T_0^\infty) \in \mathcal{R}$ - et (e,H_1^∞,p) -où (e,H_1^∞) est une structure mixte cyclique n'appartenant pas à $\mathcal{R}$ - n'ont pas la même condition nécessaire et suffisante de transience.

2. La transience des librairies (cycliques) de la marguerite n'est pas caractérisée de la même manière que celle des chaînes (e,T_0^∞,p) ou (e,H_1^∞,p).

Nous montrons enfin que le problème (plus simple) de la classification des structures mixtes en structures récurrentes positives, récurrentes nulles et transientes a une solution complète.

Chapitre 7

STRUCTURES RECURRENTES, STRUCTURES TRANSIENTES.

1. Position du problème.

Pour éviter des trivialités, nous ne considèrerons dans ce chapitre que des structures *infinies*.

On introduit la

Définition 1.1.

Une structure $S=(T,\gamma,e,B,\rho)$ est dite *récurrente* (resp. *récurrente positive*, *récurrente nulle*, *transiente*) s'il existe une probabilité p sur B telle que la librairie (S,p) soit récurrente (resp. récurrente positive, récurrente nulle, transiente).

Remarquons que le contraire d'une structure récurrente n'est pas une structure transiente mais une structure *toujours transiente*, i.e. telle que, pour toute probabilité p, (S,p) soit transiente. Ainsi par exemple, on déduit des exemples 2.2.2 et 4.2.4 et du théorème 5.2.3 que la structure de Tsetlin (e,T_0^∞) est *à la fois* récurrente positive, récurrente nulle et transiente.

Le premier résultat concernant la récurrence des structures provient de l'adaptation, selon une idée de Kesten, d'un résultat classique de Dudley (1962) affirmant que tout groupe abélien de rang $\leqslant 2$ possède une marche aléatoire récurrente; on peut le formuler comme suit:

<u>Toute structure cyclique est récurrente</u>.

Ce résultat appelle quelques remarques: que peut-on dire des structures acycliques? Sont-elles récurrentes ou toujours transientes? Y a-t-il des structures toujours récurrentes ou au contraire toutes les structures sont-elles transientes?

C'est à la réponse à ces questions qu'est consacré ce chapitre. Nous pensons que la réciproque du théorème de Dudley est vraie, autrement dit qu'<u>une structure est récurrente si et seulement si elle est cyclique</u>; nous montrerons au paragraphe 3 la validité de ce résultat pour une vaste classe de structures.

Si la récurrence d'une structure est liée à sa géométrie (la présence d'un cycle), il n'en va pas de même de sa transience: nous montrerons en effet au paragraphe 2 que <u>toute structure est transiente</u>.

2. Transience des structures.

Dans ce paragraphe, nous allons établir que toute structure est transiente; plus précisément, nous allons montrer que pour toute structure S on peut <u>déterminer explicitement</u> une probabilité p telle que la librairie (S,p) soit transiente. La démonstration de ce résultat exigeant la subdivision des structures en quatre types géométriques distincts, nous préférons, pour chacun de ces types, établir un théorème séparé.

2.1. Structures acycliques.

héorème 2.1.

oute structure acyclique est transiente.

émonstration.

oit (T,γ) un arbre sans cycle (sur la fig. 19, l'application γ st représentée par une flèche) et fixons $t_0 \in T$. Pour tout entier ≥ 0, posons $t_k = \gamma^k(t_0)$.

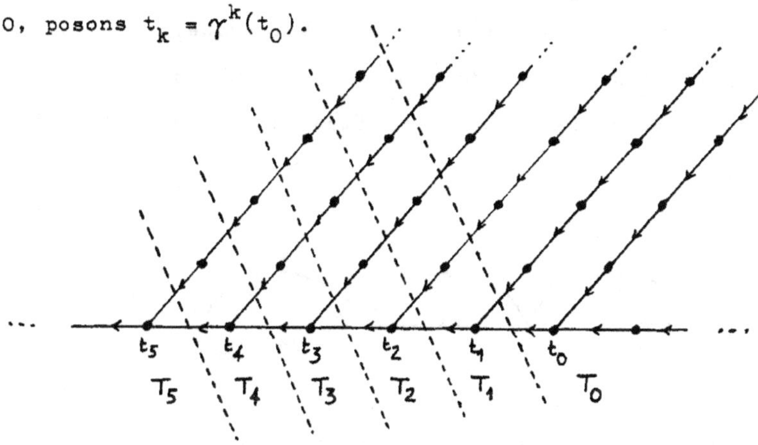

fig. 19

oient deux sommets s et t de T tels que $s \leq t$, autrement dit $s= \gamma^n(t)$ pour un certain entier n; $n=d(t,s)$ est la distance de t s (1.1.1). Désignons alors, k et h étant deux entiers naturels, ar T_k^h l'ensemble des sommets de T qui sont à la distance h de t_k:

$$T_k^h = \{ t \in T \; ; \; t \geq t_k \text{ et } d(t,t_k)=h \} .$$

éfinissons maintenant, pour tout $n > 0$,

$$T_n = \bigcup_{k=n+1}^{\infty} T_k^{k-n}$$

t, pour $n=0$,

$$T_0 = T \setminus \bigcup_{n>0} T_n .$$

omme le montre la fig. 19, $(T_n)_{n=0}^{\infty}$ constitue une partition de T. onsidérons alors une structure (T,γ,e,B,ρ); posons

(2.1) $$S_n = \bigcup_{k=0}^{n} e(T_k)$$

et soit W_n l'ensemble des mots de retour à e sur l'alphabet S_n contenant au moins une lettre de $e(T_n)$:

(2.2) $$W_n = \{x \in R(e,e) \cap S_n^* \; ; \quad \exists i: x_i \in e(T_n)\} .$$

Observons que W_n peut être vide: c'est le cas lorsque, pour tout sommet s de T_n, il n'existe pas de sommet t de T tel que $\rho(t)=s$. L'exemple simple suivant (structure linéaire acyclique où $T_n=\{n\}$) illustre ce cas

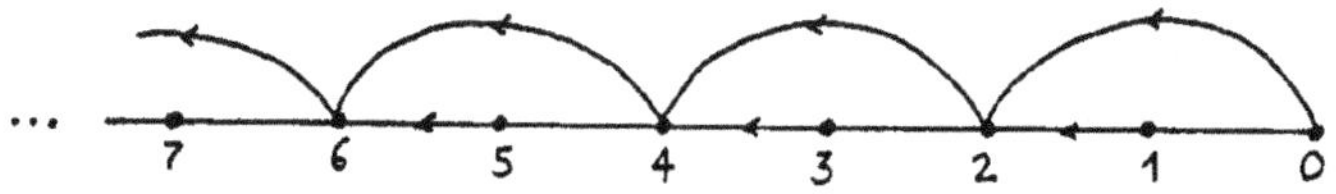

fig. 20

Dans cet exemple, W_3, mettons, est vide: si e(3) est utilisé sans avoir au préalable été déplacé, e(4) sera déplacé et devra ensuite être convoqué pour revenir à l'état initial ce qui est impossible puisque les mots de W_3 ne contiennent pas la lettre e(4); mais si, d'autre part, e(3) est utilisé après avoir été déplacé, il n'a pu l'être que par le déplacement préalable de e(4), ce qui conduit encore à une impossibilité.

Le raisonnement que nous venons de faire montre aussi (avec des modifications évidentes) que, dans le cas général, si $n > 0$ et si W_n n'est pas vide, tout mot de W_n contient au moins une lettre de $e(T_{n-1})$.

Par conséquent dans tous les cas, que W_n soit vide ou non, X_n^+ désignant l'ensemble des mots de S_n^* contenant au moins une lettre de $e(T_n)$ et une lettre de $e(T_{n-1})$,

(2.3) $$X_n^+ = \{x \in S_n^* \;;\; \exists\, i,j :\; x_i \in e(T_n), x_j \in e(T_{n-1})\} ,$$

on a

(2.4) $$W_n \subset X_n^+ .$$

Considérons maintenant la librairie $(T,\gamma,e,B,\rho;p)$ où p est une probabilité sur $B=e(T)$ telle que

(2.5) $$Q[e(T_n)] = \pi_n = (n+1)^{-1/2} - (n+2)^{-1/2}.$$

Il est clair que

(2.6) $$\pi_n \leq 1/n\sqrt{n}$$

et que

(2.7) $$Q(S_n) = \sigma_n = 1 - (n+2)^{-1/2}.$$

Puisque les W_n forment une partition de $R(e,e)$, prouver la transience de $(T,\gamma,e,B,\rho;p)$ revient à montrer que $\sum_{n=0}^{\infty} Q(W_n) < \infty$; il suffit, d'après (2.4), de montrer que

$$\sum_{n=0}^{\infty} Q(X_n^+) < \infty .$$

Or en isolant, dans les mots de X_n^+, les dernières occurrences d'un élément de $e(T_n)$ et de $e(T_{n-1})$, il vient, la sommation portant sur tous les $\alpha \in e(T_n)$ et $\beta \in e(T_{n-1})$,

$$X_n^+ = \sum \left\{ S_n^* \alpha S_{n-1}^* \beta S_{n-2}^* + S_n^* \beta [S_n \setminus e(T_{n-1})]^* \alpha S_{n-2}^* \right\}$$

d'où

(2.8) $$X_n^+ \subset \sum \left\{ S_n^* \alpha S_n^* \beta S_n^* + S_n^* \beta S_n^* \alpha S_n^* \right\} .$$

Donc, en utilisant (2.5),(2.6),(2.7) et (2.8),

$$Q(X_n^+) \leq 2Q[e(T_n)]\, Q[e(T_{n-1})]\, Q^3(S_n^*)$$

$$= 2\,\frac{\pi_n\, \pi_{n-1}}{(1-\sigma_n)^3} \leq 2\,\frac{(n+2)^{3/2}}{n^{3/2}(n-1)^{3/2}} \sim 2/n\sqrt{n} . \;\square$$

2.2. Structures cycliques non bornées.

On subdivise les structures cycliques en structures bornées et non bornées comme suit.

Définition 2.2.

Soit $S=(T,\gamma,e,B,\rho)$ une structure cyclique de cycle C; $|t|$ désignant, conformément à (1.1.2), la distance de $t \in T$ à C, on pose

(2.9) $$D_n = \{ t \in T \ ; \ |t| = n \} .$$

S est dite non bornée si $\forall n \geq 0 \quad D_n \neq \emptyset$, et bornée dans le cas contraire.

Théorème 2.3.

Toute structure cyclique non bornée est transiente.

Démonstration.

Ce cas est très voisin du cas acyclique; afin d'avoir les mêmes notations que dans la démonstration du théorème 2.1, nous poserons $T_n=D_n$, D_n ayant été défini en (2.9). On introduit alors, comme en (2.1),(2.2) et (2.3), les ensembles S_n, W_n et X_n^+.

Dans ce cas aussi, on a $W_n \subset X_n^+$: en effet, si x est un mot de retour à e d'alphabet x^o, on voit immédiatement que si $e(t) \in x^o \setminus e(C)$ alors $e o \gamma(t) \in x^o$; en outre, si $x \in W_n$, et $e(t) \in x^o \cap e(T_n)$, alors $e o \gamma(t) \in x^o \cap e(T_{n-1})$. Par conséquent tout mot de W_n contient au moins une occurrence d'une lettre de $e(T_n)$ et d'une lettre de $e(T_{n-1})$.

Il suffit alors pour conclure, en recopiant la démonstration du cas acyclique, de choisir une librairie $(T,\gamma,e,B,\rho;p)$ où p est définie, comme en (2.5), par $Q[e(T_n)] = \pi_n = (n+1)^{-1/2}-(n+2)^{-1/2}$. □

.3. Structures cycliques bornées d'intérieur infini.

l nous reste maintenant à étudier les structures cycliques bornées ue nous allons subdiviser en deux classes conformément à la défi- ition suivante.

éfinition 2.4.

oit $S=(T,\gamma,e,B,\rho)$ une structure cyclique bornée. Un sommet $s \in T$ st dit extrêmal si $\forall t \in T \quad s \leq t \Rightarrow s = t$. On désigne par Ext T 'ensemble (infini) de sommets extrêmaux et on appelle intérieur e T l'ensemble $\mathring{T} = T \setminus \text{Ext } T$.

es définitions permettent de distinguer les structures cycliques ornées selon qu'elles sont d'intérieur fini ou infini.

a fig. 21-a représente un arbre (T,γ) associé à une structure cy- lique bornée dont l'intérieur infini $\mathring{T}$ peut être représenté par a fig. 21-b. Remarquons que la fig. 21-b représente aussi un arbre ssocié à une structure cyclique bornée d'intérieur fini réduit à n sommet, c'est-à-dire une marguerite.

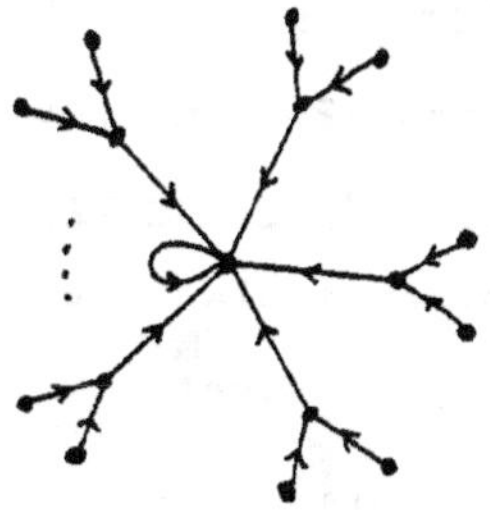

fig. 21-a

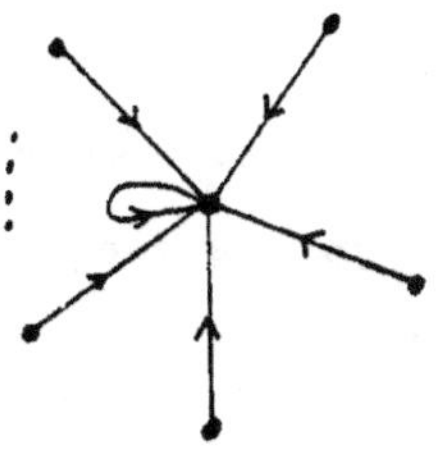

fig. 21-b

héorème 2.5.

oute structure cyclique bornée d'intérieur infini est transiente.

Démonstration.

Puisque l'intérieur de T, $\mathring{T}$, est infini, il est clair que $\gamma(\mathrm{Ext}T)$ est également infini; nous pourrons donc écrire $\gamma(\mathrm{Ext}T)=\{t_k\}_{k=1}^{\infty}$. Introduisons alors, pour $n>0$,

$$T_n = \{t \in T \; ; \; t_n \leq t\} ,$$

$$T_n^+ = T_n \setminus \{t_n\} ,$$

et, pour n=0,

$$T_0 = T \setminus \bigcup_{n>0} T_n = T \setminus [\mathrm{Ext}T \cup \gamma(\mathrm{Ext}T)] .$$

Nous allons maintenant introduire une partition $(W_n)_{n=0}^{\infty}$ de l'ensemble R(e,e) des mots de retour à e comme suit; posons

$$(2.10) \qquad S_n^+ = \sum_{k=1}^{n} e(T_k^+) \qquad (n>0) .$$

Alors nous prenons

$$(2.11) \qquad W_0 = R(e,e) \cap e(\mathring{T})^*$$

et, pour $n>0$, W_n est l'ensemble des mots de retour à e sur l'alphabet $e(\mathring{T}) \cup S_n^+$ contenant au moins une fois une lettre de $e(T_n^+)$:

$$(2.12) \qquad W_n = \{x \in R(e,e) \cap [e(\mathring{T}) \cup S_n^+]^* \; ; \; \exists i: \; x_i \in e(T_n^+)\} .$$

Exactement comme dans la démonstration du théorème 2.3, on peut établir que si $n>0$ et $x \in W_n$, x contient <u>au moins deux occurrences distinctes</u> d'éléments de $e(T_n)$. Par conséquent, en isolant les deux dernières occurrences des lettres de $e(T_n)$, il vient

$$W_n \subset [e(\mathring{T}) \cup S_n^+]^* . e(T_n) . [e(\mathring{T}) \cup S_n^+ \setminus e(T_n)]^* . e(T_n) . [e(\mathring{T}) \cup S_n^+ \setminus e(T_n)]^*$$

et par suite

$$(2.13) \qquad W_n \subset [e(\mathring{T}) \cup S_n^+]^* . e(T_n) . [e(\mathring{T}) \cup S_n^+]^* . e(T_n) . [e(\mathring{T}) \cup S_n^+]^* .$$

Soit maintenant $\pi_n = (n+1)^{-1/2} - (n+2)^{-1/2}$ et considérons une lirairie $(T,\gamma,e,B,\rho;p)$ où la probabilité p sur B est telle que

$$(2.14)\quad \begin{cases} Q[e(T_0)] = \pi_0 \\ Q[\{e(t_n)\}] = Q[e(T_n^+)] = \pi_n/2 \qquad (n>0)\ . \end{cases}$$

On déduit alors de (2.13) et de (2.14) que

$$Q(W_n) \leq Q^2[e(T_n)].Q^3\{[e(\mathring{T})\cup S_n^+]^*\}\ .$$

Par conséquent, puisque

$$Q[e(\mathring{T})\cup S_n^+] = \pi_0+\sum_{k=1}^{\infty}\pi_k/2+\sum_{k=1}^{n}\pi_k/2 = \tfrac{1}{2}(1+\sigma_n)$$

avec $\sigma_n = 1-(N+2)^{-1/2}$, on a

$$Q(W_n) \leq \pi_n^2/[\tfrac{1}{2}(1-\sigma_n)]^3 \sim 2/n\sqrt{n}$$

ce qui montre la transience de la structure considérée. □

2.4. Structures cycliques bornées d'intérieur fini.

Théorème 2.6.

Toute structure cyclique bornée d'intérieur fini est transiente.

Démonstration.

Le cas des structures cycliques bornées d'intérieur fini est de loin le plus complexe; son étude ne repose pas, à l'encontre des trois cas précédents, sur l'établissement d'une inclusion du type (2.4). Afin que l'arbre ne cache pas la forêt, nous allons concentrer notre attention sur certaines structures de Hendricks (exemple 1.2.5), notées S_N, et dont l'arbre associé est représenté par la fig. 22.

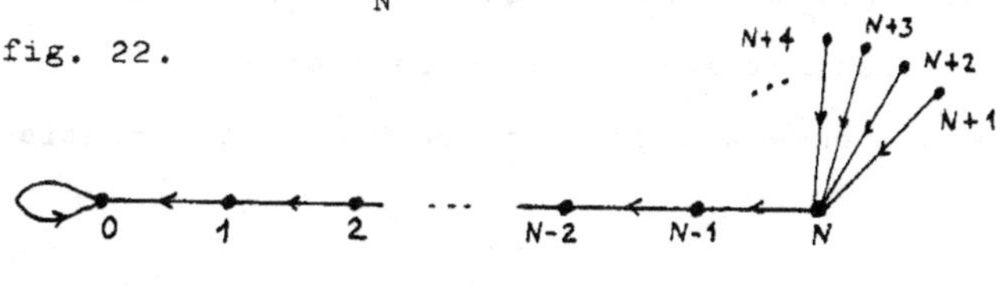

fig. 22

1. Avant d'examiner ces structures particulières, montrons très grossièrement dans quelle mesure elles reflètent l'ensemble de toutes les structures cycliques bornées d'intérieur fini: soit en effet $S=(T,\gamma,e,B,\rho)$ une telle structure; puisque ExtT est infini et que $\gamma(\text{ExtT})$ est fini, on peut trouver un sommet $s_0 \in \gamma(\text{ExtT})$ et une infinité de sommets $\mathcal{S} = \{s_i\}_{i=1}^{\infty}$ de ExtT tels que, pour tout $i \geq 1$, $\gamma(s_i) = s_0$.

On peut alors effectuer une première "réduction" de S: si la distance de s_0 au cycle est $|s_0| = m$, nous poserons, pour $k \in [0,m]$, $s_{-k} = \gamma^k(s_0)$ et tous les sommets de T différents des s_i, $i \geq -m$, seront regroupés dans la même classe que s_{-m}.

Soit d'autre part N le plus petit des nombres de $[0,m]$ tel qu'il existe une infinité $\mathcal{S}' \subset \mathcal{S}$ de sommets avec $\forall\, s \in \mathcal{S}'$ $\rho(s) = s_{-N}$.

On effectue une deuxième réduction de S en posant

$$s_{-N}=t_0, s_{-N+1}=t_1, \ldots, s_0=t_N, \mathcal{S}'=\{t_{N+i}\}_{i=1}^{\infty}$$

et en regroupant tous les autres sommets de T dans la même classe que t_0.

Il s'avère que l'étude de la transience de S se fait d'une manière analogue (avec, certes, des complications, mais qui sont inessentielles) à celle de S_N, structure déduite de S grâce aux deux réductions qu'on vient de définir.

2. Etudions donc les structures S_N en commençant par la plus importante d'entre elles, <u>la marguerite S_0</u>. Posons pour simplifier $T=B=\mathbb{N}$, e désignant l'application identique de $\mathbb{N}$.

Introduisons comme suit la partition $(W_n)_{n=-1}^{\infty}$ de $R(e,e)$:

(2.15) W_{-1} est l'ensemble des mots de $R(e,e)$ qui ne contiennent pas deux occurrences distinctes d'une même lettre;

(2.16) Pour $n \geq 0$, W_n est l'ensemble des mots de $R(e,e)$ qui contien-

nent <u>au moins deux occurrences</u> de la lettre n et <u>au plus</u> <u>une occurrence</u> de chacune des lettres supérieures à n.
<u>Le fait important</u> est que dans un mot de W_n $(n \geq 0)$ il ne peut y avoir deux occurrences consécutives de lettres supérieures à n: en effet, supposons que $x \in W_n$ soit tel que $x_i = k$, $x_{i+1} = l$ avec k,l supérieurs à n; à l'instant i, le livre k occupe la place n°0 et à l'instant i+1, le livre l occupe la place n°0 et le livre k la place n°1; pour que le livre k puisse revenir à sa place initiale, (n°k), il faudra le convoquer encore une fois, ce qui est contraire à la définition de W_n.
Désignons maintenant, pour $n \geq 0$ et $m \geq 0$, par

(2.17) W_n^m l'ensemble des mots de W_n contenant exactement m lettres supérieures à n.

Tout mot de W_n^m contient donc m lettres supérieures à n et 2 lettres n, ces m+2 lettres pouvant se disposer de $\binom{m+2}{2}$ manières distinctes et étant espacées par m+3 mots sur l'alphabet $\{0,1,\ldots,n\}$ dont au moins m-2 (puisqu'il ne peut y avoir d'occurrences consécutives de lettres supérieures à n et qu'un mot de W_n ne peut se terminer par une lettre supérieure à n) sont de longueur ≥ 1.
Par conséquent, si $p = (p_n)_{n=0}^{\infty}$ est une probabilité sur $B = \mathbb{N}$ et si $s_n = p_0 + p_1 + \ldots + p_n$ on a, pour $m \geq 2$,

$$(2.18) \qquad Q(W_n^m) \leq \binom{m+2}{2} \frac{(1-s_n)^m s_n^{m-2} p_n^2}{(1-s_n)^{m+3}} = \frac{p_n^2}{(1-s_n)^3} \cdot \binom{m+2}{2} s_n^{m-2} .$$

On montrerait également que

$$Q(W_n^0) \leq \frac{p_n^2}{(1-s_n)^3}$$

et, pour m=1,

$$Q(W_n^1) \leqslant \binom{3}{2}\frac{p_n^2}{(1-s_n)^3} \quad .$$

Par conséquent

$$Q(W_n) = \sum_{m=0}^{\infty} Q(W_n^m)$$

$$\leqslant \frac{p_n^2}{(1-s_n)^3}\left[1 + \binom{3}{2} + \sum_{m=2}^{\infty}\binom{m+2}{2} s_n^{m-2} \right]$$

$$\leqslant \frac{1}{2s_n^2} \cdot \frac{p_n^2}{(1-s_n)^3} \sum_{m=0}^{\infty}\binom{m+2}{2} s_n^m$$

et donc

$$(2.19) \qquad Q(W_n) \leqslant s_n^{-2} \cdot \frac{p_n^2}{(1-s_n)^6} \quad .$$

Si on choisit la probabilité p comme suit

$$(2.20) \qquad \begin{cases} p_n = \dfrac{1}{\mathrm{Log}(n+2)} - \dfrac{1}{\mathrm{Log}(n+3)} & (n \geq 1) \\ p_0 = 1 - 1/\mathrm{Log}3 \end{cases}$$

il vient

$$s_n^{-2} \cdot \frac{p_n^2}{(1-s_n)^6} \sim \frac{\mathrm{Log}^2 n}{n^2}$$

et on déduit de (2.19) la convergence de la série de terme général $Q(W_n)$, c'est-à-dire la transience de la structure S_0.

3. Montrons maintenant comment le résultat précédent permet d'étudier <u>la transience de</u> S_1 (la même méthode s'appliquerait sans difficulté à toute structure S_N, $N > 1$).

Partitionnons pour S_1, comme on l'a fait en (2.15) et (2.16) pour S_0, l'ensemble des mots de retour à e grâce aux sous-ensemble W_n,

≥ -1.

a différence essentielle entre les mots de W_n pour S_1 et pour S_0 st la suivante: pour S_1, les mots de W_n peuvent contenir des occurrences consécutives de lettres supérieures à n, mais pas plus e deux; donc, au lieu de parler d'occurrences successives (non onsécutives) de lettres supérieures à n comme on l'a fait pour S_0, nous parlerons pour S_1 d'occurrences successives (non consécutives) de blocs de lettres supérieures à n, chacun de ces blocs ontenant une ou deux lettres. De plus, deux de ces blocs consécutifs doivent être séparés par un mot sur l'alphabet $\{0,1,\ldots,n\}$ e longueur supérieure ou égale à 2.

ar suite, si nous définissons, pour S_1, W_n^m comme on l'a fait en 2.17) à condition de remplacer le mot "lettres" par le mot "blocs" l suffira de pouvoir majorer $Q(W_n^m)$ comme on l'a fait en (2.18). r dans la majoration (2.18) pour S_0, la contribution des m lettres upérieures à n était $(1-s_n)^m$; pour S_1, chaque lettre supérieure n devra être remplacée par la concaténation $b\alpha$ d'un bloc b et d' ne lettre $\alpha\in\{0,1,\ldots,n\}$, puisque deux blocs consécutifs sont séarés par au moins deux lettres; la contribution q_m de ces m conaténations sera donc majorée par $s_n^m.(1-s_n)^m.(2-s_n)^m$ et par suie, puisque $s_n.(2-s_n)\leq 1$, $q_m \leq (1-s_n)^m$.

n définitive, la majoration (2.18) sera également valable pour a structure S_1. □

a réunion des théorèmes 2.1,2.3,2.5 et 2.6 conduit au résultat éfinitif suivant.

héorème 2.7.

oute structure est transiente.

3. Récurrence des structures.

Nous avons vu au paragraphe précédent que toute structure, indépendamment de sa géométrie, est transiente. Il n'en va pas de même pour la récurrence: il semble en effet qu'une structure est récurrente si et seulement si elle possède un cycle.

3.1. Montrons d'abord que cette dernière condition est suffisante.

Théorème 3.1. (Dudley, 1962)
Toute structure cyclique est récurrente.

Démonstration.
$S=(T,\gamma,e,B,\rho)$ étant une structure cyclique, on voit facilement qu'il existe une suite croissante $(T_k)_{k=0}^{\infty}$ de parties finies de T avec $T = \bigcup_{k=0}^{\infty} T_k$ et $\rho(T_k) \subset T_k$. Cette dernière inclusion permet, pour tout $k \geq 0$, de définir de manière évidente, à partir de S, la sous-structure S_k dont l'arbre a pour sommets les éléments de T_k; on pose $B_k = e(T_k)$, $C_0 = B_0$ et $C_k = B_k \setminus B_{k-1}$ $(k \geq 1)$.

On se donne aussi une application $\alpha : b \mapsto \alpha_b$ de B dans R^+ telle que $\sum\{\alpha_b \ ; \ b \in C_k\} = 1$ pour tout $k \geq 0$.

Construisons par récurrence les cinq suites suivantes:

pour tout $k \geq 0$ $\quad N_k$, $(Y_n^{(k)})_{n=0}^{\infty} = (S_k, p^{(k)})$

pour tout $k \geq 1$ $\quad Q_k$, $(Q_{kj})_{j=1}^{\infty}$ et q_k .

Au départ k=0, $N_0=1$ et $(Y_n^{(0)})_{n=0}^{\infty}=(S_0,p^{(0)})$ où $p^{(0)}$ est la probabilité sur B_0 définie par $p_b^{(0)} = \alpha_b$.

Supposons la construction effectuée jusqu'à k-1. La librairie $(Y_n^{(k-1)})_{n=0}^{\infty}=(S_{k-1},p^{(k-1)})$ étant finie est récurrente (positive). Par conséquent, il existe un entier N_k tel que

$$\sum_{n=N_{k-1}+1}^{N_k} P[Y_n^{(k-1)}=e] \geq 2$$

et par suite il existe un nombre $Q_k \in]0,1[$ tel que

$$(3.1) \qquad (1-Q_k)^{N_k} \sum_{n=N_{k-1}+1}^{N_k} P[Y_n^{(k-1)}=e] \geq 1 .$$

On pose alors

$$(3.2) \qquad 1 - Q_k = \prod_{j=1}^{\infty} (1 - Q_{kj})$$

et on choisit

$$(3.3) \qquad q_k \leq \min\{Q_{ij} ; 1 \leq i \leq k, 1 \leq j \leq k\} .$$

Il ne reste plus qu'à définir $(Y_n^{(k)})_{n=0}^{\infty}=(S_k,p^{(k)})$; on prend la probabilité $p^{(k)}$ sur B_k définie par

$$(3.4) \qquad p_b^{(k)} = \begin{cases} (1-q_k)p_b^{(k-1)} & \text{si } b \in B_{k-1} \\ \alpha_b q_k & \text{si } b \in C_k . \end{cases}$$

Observons de plus que, lors de cette construction, on peut choisir les nombres q_k (3.3) de sorte que

$$(3.5) \qquad \sum_{k=1}^{\infty} q_k < \infty .$$

Cela étant, soit $(Y_n)_{n=0}^{\infty}=(S,p)$ une librairie de structure S où la probabilité p sur B est définie, grâce à (3.5), par

$$p_b = p_b^{(k)} \prod_{j=k+1}^{\infty} (1-q_j) \qquad \text{si } b \in B_k$$

et soit $B_{k-1,n}$ l'événement: les livres convoqués entre les instants

1 et n appartiennent tous à B_{k-1}. Alors on a

$$(3.6) \qquad P^n_{ee} = P[Y_n = e] \geq P[Y_n=e \mid B_{k-1,n}] \cdot P[B_{k-1,n}]$$

$$= \left[\prod_{j=k}^{\infty} (1-q_j)\right]^n . P[Y_n^{(k-1)}=e] .$$

Comme, d'après (3.2) et (3.3), on a

$$\left[\prod_{j=k}^{\infty} (1-q_j)\right]^{N_k} \geq \left[\prod_{j=k}^{\infty} (1-Q_k)\right]^{N_k} \geq (1-Q_k)^{N_k},$$

on déduit de (3.1) et de (3.6) que

$$\sum_{n=N_{k-1}+1}^{N_k} P^n_{ee} \geq 1$$

ce qui montre la récurrence de la librairie (S,p). □

Il convient de <u>remarquer</u> que, contrairement aux résultats du paragraphe 1, le théorème précédent ne fournit pas pour une structure cyclique donnée S, par exemple la remarquable structure de la marguerite, une probabilité "concrète" p telle que (S,p) soit récurrente: on sait seulement qu'une telle probabilité existe.

Il nous a paru intéressant de montrer, même s'il ne s'agit que d'un cas particulier, qu'on pouvait exhiber effectivement des librairies de la marguerite récurrentes.

<u>Proposition 3.2</u>.

Soit S une marguerite infinie (fig. 21-b) dont les sommets sont indexés par $\mathbb{N}$ (0 étant la racine). (S,p) est récurrente pour toute probabilité $p=(p_{e(n)})_{n=0}^{\infty}$ telle que

$$\lim_{n\to\infty} \frac{1}{n!} \cdot \frac{1}{1 - s_n(e)} = \infty$$

où, rappelons-le, $s_n(e) = p_{e(0)}+p_{e(1)}+\dots+p_{e(n)}$.

Démonstration.

Soit $E_n^0 = \{\pi \in E_e \ ; \ \pi(0)=e(0) \text{ et } \forall t>n \ \ \pi(t)=e(t)\}$. Il n'est pas difficile de montrer que

$$(3.7) \qquad \sum_{\pi \in E_n^0} Q[R(e,\pi) \cap B_n^*(e) \setminus \Lambda] = \frac{p_{e(0)}}{1 - s_n(e)} \ .$$

D'autre part, si on pose, pour tout $\pi \in E_n^0$,

$$Q(\pi;n) = Q[R(\pi,\pi) \cap B_n^*(e) \setminus \Lambda] \ ,$$

on déduit du fait que tous les sommets autres que la racine jouent le même rôle que

$$(3.8) \qquad \forall \pi \in E_n^0 \quad Q(\pi;n) = Q(e;n) \ .$$

Désignons maintenant par $X_n(\pi)$ l'ensemble des mots de passage de e à $\pi \in E_n^0$ sur l'alphabet $B_n^*(e) \setminus \Lambda$ qui atteignent π pour la première fois:

$$x = x_1 x_2 \ldots x_m \in X_n(\pi) \ \Rightarrow \ \forall i < m \quad e * x_1 x_2 \ldots x_i \neq \pi \ .$$

On déduit de (3.7) et de (3.8) que

$$(3.9) \qquad \frac{p_{e(0)}}{1 - s_n(e)} = Q(e;n) . \sum_{\pi \in E_n^0} Q[X_n(\pi)] \ .$$

Si pour tous les mots $x = x_1 x_2 \ldots x_m \in X_n(\pi)$, on remplace dans $p(x) = p_{x_1} p_{x_2} \ldots p_{x_m}$, p_b par $p_b / s_n(e)$ $(> p_b)$, autrement dit si on se place dans le cadre d'une librairie de la marguerite finie, de sommets $\{0,1,\ldots,n\}$ et de probabilité $(p_{e(t)} / s_n(e))_{t=0}^{n}$, on majore $Q[X_n(\pi)]$ par une quantité analogue $\widetilde{Q}[X_n(\pi)]$ dont on sait, d'après le théorème I.5.6 de Chung (1967), qu'elle est égale à 1.

On déduit alors de (3.9) que

$$\frac{p_{e(0)}}{1 - s_n(e)} \leq n! . Q(e;n)$$

et le résultat escompté provient du fait que

$$\sum_{n=1}^{\infty} P^n_{ee} = Q(e) = \lim_{n\to\infty} Q(e;n) \ . \ \square$$

La proposition précédente et le théorème 2.6 (avec (2.20)) fournissent des exemples de librairies de la marguerite récurrente et transiente.

Exemple 3.3.

S étant une marguerite infinie et $p=(p_{e(n)})_{n=0}^{\infty}$ une probabilité sur les livres

1. Si $p_{e(0)}=1 - 1/\mathrm{Log}3$ et $p_{e(n)} = \dfrac{1}{\mathrm{Log}(n+2)} - \dfrac{1}{\mathrm{Log}(n+3)}$ pour $n\geq 1$, alors (S,p) est transiente.
2. Si, pour tout $n\geq 0$, $p_{e(n)} = \dfrac{1}{(n+1)!} - \dfrac{1}{(n+2)!}$, alors (S,p) est récurrente. $\square$

3.2. Nous allons maintenant montrer, dans les deux théorèmes suivants, que, pour des structures appartenant à une classe assez vaste contenant, entre autres, toutes les structures mixtes et les structures linéaires de Rivest, <u>la présence d'un cycle est une condition nécessaire de leur récurrence</u>.

Le premier de ces théorèmes constitue une généralisation d'un résultat de Dies (1981) relatif aux structures mixtes qui généralisait lui-même un résultat de Letac (1978) relatif aux structures de transposition.

Théorème 3.4.

Soit $S=(T,\gamma,e,B,\rho)=S_0-\partial T_0-(S_i)_{i=1}^{N}$ le branchement sur une strucure de transposition <u>acyclique</u> S_0 de $N \in \overline{\mathbb{N}}$ structures à racine $_i=(T_i,\gamma_i,e_i,B_i,\rho_i)$ telles que toute librairie (S_i,q_i), q_i étant ne probabilité sur B_i et en utilisant la définition 3.1.3, possè-e une mesure stationnaire homogène.

lors <u>pour toute probabilité p</u> sur B, (S,p) est <u>transiente</u>.

<u>émonstration</u>.

hoisissons t_0 dans T_0 et notons $R = \{\gamma^n(t_0)\ ;\ n \geq 0\}$.

our tout $s \in R$, posons

$$M'_s = \{t \notin R\ ;\ s \leq t\}$$

$$M''_s = \{t \in M'_s\ ;\ \exists u \in R : s \leq u \leq t\}$$

$$M_s = M'_s \setminus M''_s .$$

oit alors la structure <u>de racine</u> $\{s\}$ $S_s=(T_s,\gamma_s,e_s,B_s,\rho_s)$ où $_s = \{s\} \cup M_s$, $\gamma_s(t) = \gamma(t)$ pour $t \in M_s$ et $\gamma_s(s) = s$, e_s est la res-riction de e à T_s, $B_s = e(T_s)$ et $\rho_s(t) = \rho(t)$ pour $t \in M_s$ et $_s(s) = s$.

$_s$ désignant la probabilité sur B_s proportionnelle à $(p_{e(t)})_{t \in T_s}$ t S_s étant, de toute évidence, le branchement sur une structure e transposition d'un certain nombre de structures $S_i, i \geq 1$, on dé-uit du théorème 3.4.1 que la librairie (S_s,p_s) possède une mesure tationnaire homogène u_s.

onformément à la définition 3.1.7, désignons par $\widetilde{u}_s$ le prolonge-ent de u_s à E_e et posons, pour tout $\pi \in E_e$,

$$u(\pi) = \prod_{s \in R} \widetilde{u}_s(\pi) .$$

n déduit alors de la proposition 3.1.8 que, pour tout $s \in R$,

$$\sum_{t \in M_s} p_{\pi \circ \tau_t^{-1}(t)} \frac{u(\pi \circ \tau_t^{-1})}{u(\pi)} = \sum_{t \in M_s} p_{\pi(t)} ,$$

et

$$p_{\pi\circ\tau_s^{-1}(s)} \cdot \frac{u(\pi\circ\tau_s^{-1})}{u(\pi)} = p_{\pi\circ\gamma(s)} \ .$$

Par conséquent, pour tout $\pi \in E_e$,

$$\sum_{t\in T} p_{\pi\circ\tau_t^{-1}(t)} \frac{u(\pi\circ\tau_t^{-1})}{u(\pi)} = 1 - p_{\pi(t_0)} < 1$$

ce qui montre (définition 3.1.1) que u est une mesure strictement sous-stationnaire. Le résultat cherché découle alors d'un critère classique (Kemeny et al., prop.6.4, 1967). □

Le deuxième théorème nécessite l'introduction préalable de la

Définition 3.5.

Z désignant l'ensemble des entiers relatifs, posons $\bar{Z} = Z \cup \{\infty\}$,

$Z_a = \{n \in Z \ ; \ n \leq a\}$ pour $a \in Z$ et $Z_\infty = Z$.

On désigne, pour $n \geq 2$ et $a \in \bar{Z}$, par $L_n(Z_a)$ l'ensemble des structures acycliques $S=(T,\gamma,e,B,\rho)$ pour lesquelles $T=Z_a$, $\forall t \in Z_a$ $\gamma(t)=t-1$ et

$$\forall t \in Z_a \qquad \rho(t) = t-n+1 \text{ ou } t-n \ .$$

Donnons quelques exemples de telles structures:

Les structures de Rivest acycliques et linéaires appartiennent à $L_n(Z_a)$ (fig. 23);

la fig. 24 montre un exemple intéressant de structure de $L_2(Z)$;

la fig. 25 représente une structure de $L_3(Z_0)$.

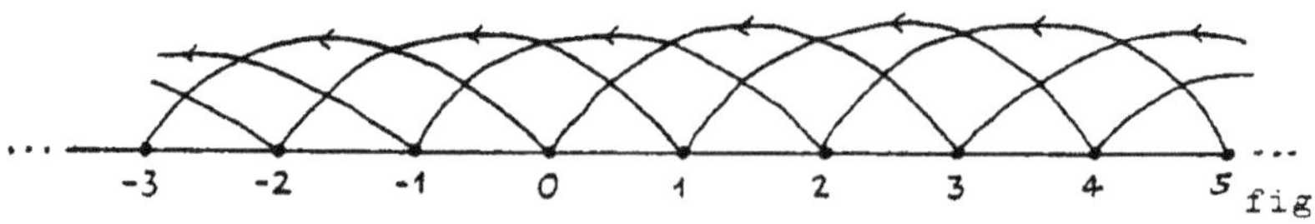

fig. 23

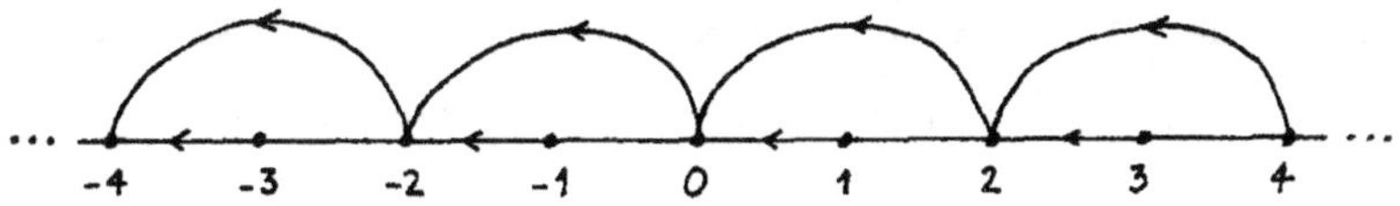

fig. 24

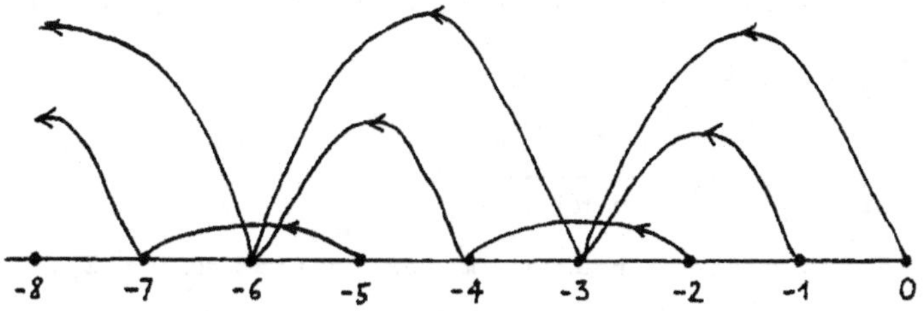

fig. 25

héorème 3.6.

oit $n \geq 2$, $a \in \overline{Z}$ et $S \in L_n(Z_a)$; pour toute probabilité p, la chaîne S,p) est transiente.

émonstration.

ous ferons cette démonstration, sans perte de généralité, pour $a = +\infty$.

oit donc une librairie (S,p) où $S \in L_n(Z)$, d'état initial e, d'es-ace d'états E_e et de police τ . Conformément à (3.2.3) posons, our tout $\pi \in E_e$ et $t \in Z$,

$$Q_t(\pi) = \prod_{t \leq s} p_{e(s)}/p_{\pi(s)} \tag{3.10}$$

t

$$u(\pi) = \prod_{t \in Z} Q_t^{1/n}(\pi) \ . \tag{3.11}$$

ous allons montrer que $\pi \longmapsto u(\pi)$ est une mesure strictement sous-stationnaire de (S,p), ce qui, d'après un résultat classique, (Kemeny et al., prop. 6.4, 1967), suffira à prouver que la chaîne est transiente.

Il s'agit donc de montrer (définition 3.1.1 et proposition 3.1.2) que, pour tout $\pi \in E_e$,

$$\sum_{t\in Z} p_{\pi\circ\rho}(t) \frac{u(\pi\circ\tau_t^{-1})}{u(\pi)} \leq 1, \tag{3.12}$$

cette inégalité étant stricte pour au moins un état π_0 de E_e.

Soit $m \geq 1$ et $t \in Z$ tel que $\rho(t)=t-m$; alors

$$\tau_t^{-1}(s) = \begin{cases} s & \text{si } s < t-m \text{ ou } s > t, \\ t-k+1 & \text{si } s=t-k,\ 1 \leq k \leq m, \\ t-m & \text{si } s=t\ . \end{cases} \tag{3.13}$$

On déduit alors de (3.13) et de (3.10) que

$$\frac{Q_s(\pi\circ\tau_t^{-1})}{Q_s(\pi)} = \begin{cases} 1 & \text{si } s \leq t-m \text{ ou } s > t, \\ \dfrac{p_{\pi(s)}}{p_{\pi(t-m)}} & \text{si } t-m < s \leq t\ . \end{cases} \tag{3.14}$$

et par conséquent, en utilisant (3.11),

$$p_{\pi\circ\rho}(t)\frac{u(\pi\circ\tau_t^{-1})}{u(\pi)} = p_{\pi(t-m)} \prod_{s=t-m+1}^{t} \left[\frac{p_{\pi(s)}}{p_{\pi(t-m)}}\right]^{1/n}$$

$$= p_{\pi(t-m)}^{\frac{n-m}{n}} \prod_{s=t-m+1}^{t} p_{\pi(s)}^{1/n}\ . \tag{3.15}$$

Or, puisque $S \in L_n(Z)$, m ne peut être égal qu'à n ou n-1 et, dans ces deux cas, (3.15) donne la même expression

$$\forall\, t \in Z \qquad p_{\pi\circ\rho}(t) \frac{u(\pi\circ\tau_t^{-1})}{u(\pi)} = \prod_{s=t-n+1}^{t} p_{\pi(s)}^{1/n}\ . \tag{3.16}$$

tilisons maintenant l'inégalité élémentaire suivante:

$$(3.17) \qquad \forall\, t \in Z \qquad \prod_{s=t-n+1}^{t} p_{\pi(s)}^{1/n} \leqslant \frac{1}{n} \sum_{s=t-n+1}^{t} p_{\pi(s)} .$$

n sait que l'égalité ne peut avoir lieu dans (3.17) que si

$$p_{\pi(t-n+1)} = \cdots = p_{\pi(t)} = \frac{1}{n} \sum_{s=t-n+1}^{t} p_{\pi(s)} \ ;$$

ar conséquent, si (3.17) donnait lieu à des égalités pour tout $\in Z$, on aurait l'égalité de tous les $p_{\pi(t)}$, $t \in Z$, ce qui est incompatible avec le fait que p est une probabilité.

n définitive, on déduit de cette dernière remarque, de (3.16) et e (3.17) que, pour tout $\pi \in E_e$,

$$\sum_{t \in Z} p_{\pi o \rho(t)} \frac{u(\pi o \tau_t^{-1})}{u(\pi)} < \sum_{t \in Z} \frac{1}{n} \sum_{s=t-n+1}^{t} p_{\pi(s)} = 1 \ . \ \square$$

emarque 3.7.

l serait facile, en adaptant les démonstrations des théorèmes 3.4 t du théorème 3.4.1 à ce cas, de prouver que (S,p) est transiente our tout p, lorsque S est le branchement, sur une structure $_0 \in L_n(Z_a)$, de structures à racine $(S_i)_{i=1}^N$ telles que, q_i étant ne probabilité sur B_i, (S_i, q_i) possède une mesure stationnaire omogène (par exemple en prenant pour S_i des structures mixtes à acine).

Chapitre 8

RECURRENCE POSITIVE DES LIBRAIRIES MIXTES

Nous nous proposons, dans ce chapitre, de montrer le rôle joué par la géométrie de la structure S dans le problème de la récurrence positive d'une librairie mixte (S,p), dont on connaît, d'après le corollaire 3.4.2, une mesure stationnaire. Puisque, d'après le théorème 7.3.4, nous savons qu'une structure mixte acyclique est toujours transiente, nous nous limiterons dans ce qui suit à l'étude de librairies ou de structures mixtes (infinies) cycliques.
On pourrait commencer par se demander si toutes ces structures sont récurrentes positives (définition 7.1.1) mais on sait déjà que tel n'est pas le cas: convenons de dire qu'une structure S est toujours nulle si elle n'est pas récurrente positive, autrement dit si les librairies associées (S,p) ne sont récurrentes positives pour aucun choix de p. Alors nous avons vu à l'exemple 3.5.4 que la structure (e,H_1^∞) représentée à la fig. 14 est toujours nulle tandis que nous savons, d'après le théorème 4.2.1, que les librairies de Tsetlin (e,T_0^∞,p) sont récurrentes positives si et seulement si

$$(0.1) \qquad \sum_{i=0}^{\infty} p_{e(i+1)}/p_{e(i)} < \infty .$$

Il s'avère que ces deux exemples reflètent la situation générale: Au paragraphe 1, nous mettrons en évidence une classe de structures mixtes cycliques qui sont toujours nulles.

u paragraphe 2, nous montrerons qu'en dehors des cas éliminés au aragraphe précédent, une structure mixte est récurrente positive; lus précisément, nous prouverons que si S est une telle structure, ne librairie (S,p) est récurrente positive si et seulement si p érifie la relation (0.1).

. Structures mixtes toujours nulles.

ous avons défini, au paragraphe 1.3, une structure mixte $S=(T,\gamma,e,$ $,\rho)$ comme le branchement $S_0 - \partial T_0 - (S_i)_{i=1}^{N}$ de $N \in \bar{\mathbb{N}}$ structures de endricks $S_i=(T_i,\gamma_i,e_i,B_i,\rho_i)$ sur une structure de transposition $_0=(T_0,\gamma_0,e_0,B_0,\rho_0)$ en les points de $\partial T_0 = \{\omega_i\}_{i=1}^{N} \subset T_0$.

n appelle (T_0,γ_0) l'arbre des transpositions, $(T_i,\gamma_i), i \in [1,N]$, sont es arbrisseaux de Hendricks et ∂T_0 le bord de (T_0,γ_0).

ous avons démontré, au corollaire 3.4.2, qu'une librairie mixte S,p) admettait pour mesure stationnaire l'application $u=u(S,p;.)$ e E_e dans R^+ définie par

$$(1.1) \qquad u(\pi) = \prod_{s \in T_0} Q_s(\pi) . \prod_{s \in T \setminus T_0} Q_s^*(\pi)$$

ù, rappelons-le,

$$Q_s(\pi) = \prod_{s \leq u} p_{e(u)}/p_{\pi(u)} \quad \text{et} \quad Q_s^*(\pi) = q_s(e)/q_s(\pi) \text{ avec } q_s(\pi) = \sum_{s \leq u} p_{\pi(u)}$$

ans ce paragraphe, nous allons isoler une classe de structures mixes toujours nulles en construisant systématiquement, pour les liariries associées (S,p), une mesure stationnaire constante sur un nsemble infini d'états. Lors de cette construction, nous nous intéresserons successivement aux différents éléments géométriques de la structure S: l'arbre des transpositions, les arbrisseaux de Hendricks et le bord ∂T_0 de (T_0,γ_0).

1.1. L'arbre des transpositions.

Commençons par introduire la

Définition 1.1.

L'arbre des transpositions (T_0,γ_0) est dit de type fini si, $|t|$ désignant la distance de $t \in T_0$ au cycle C, pour tout n $\{t \in T_0 \; ; \; |t|=n\}$ est fini et le nombre de n tels que $\text{card}\{t \in T_0 \; ; \; |t|=n\} \geq 2$ est fini. (T_0,γ_0) est de type infini dans le cas contraire.

Nous avons alors le résultat suivant.

Théorème 1.2.

Une structure mixte dont l'arbre des transpositions est de type infini est toujours nulle.

Démonstration.

Soit S une structure mixte, (S,p) une librairie associée et $u(\pi)$ la mesure stationnaire de (S,p) donnée par la formule (1.1).

Considérons l'ensemble

$$A = \{(s,t) \in T_0^2 \; ; \; s \neq t \text{ et } |s| = |t|\},$$

et désignons par $\theta_{s,t}$ la transposition de deux sommets s et t de T_0. Si, pour tout $u \in T_0$, on pose $u\!\rightarrow\, = \{v \in T_0 \; ; \; u \leq v\}$ et $\overline{Q}_u(\pi) = \prod_{v \in u\rightarrow} p_{e(v)}/p_{\pi(v)}$, il est facile de voir que

$$u(e\circ\theta_{s,t}) = \prod_{u \in T_0} Q_u(e\circ\theta_{s,t}) = \prod_{u \in T_0} \overline{Q}_u(e\circ\theta_{s,t})$$

$$= \prod_{u \in T_0} \left[p_{e(u)}/p_{e\circ\theta_{s,t}(u)}\right]^{|u|} . \tag{1.2}$$

'ar conséquent, si $(s,t)\in A$, $u(eo\theta_{s,t}) = 1$.

'uisque (T_0,γ_0) est de type infini, A est infini et par suite

$$\sum_{\pi\in E_e} u(\pi) \geq \sum_{(s,t)\in A} u(eo\,\theta_{s,t}) = \infty \ . \ \square$$

ous allons donner une représentation graphique d'une structure <u>de ransposition infinie de type fini</u>; cette représentation tient compe des faits suivants:

a) L'arbre associé ne contient qu'un seul axe infini.

b) La mesure stationnaire d'une librairie associée faisant ouer des rôles symétriques à des sommets situés à la même distance u cycle C (1.2), on peut supposer qu'il n'y a qu'un seul sommet de sur lequel se branche le reste de la structure.

c) En un nombre fini de sommets de l'axe infini viennent e brancher des arbrisseaux de transposition finis; si K désigne la istance maximale d'un sommet d'un tel arbrisseau à sa racine, on eprésentera cet arbrisseau par la superposition de K triangles.

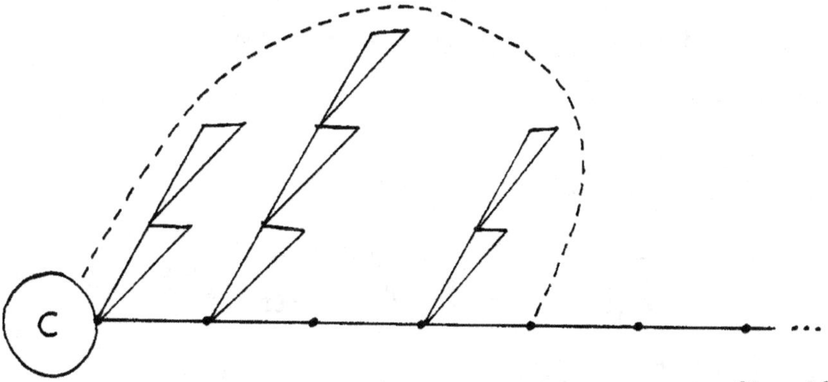

fig. 26

1.2. Arbrisseaux de Hendricks.

On peut subdiviser les arbrisseaux de Hendricks en trois catégories selon qu'ils sont finis, infinis et linéaires (on les appellera alors arbrisseaux de Tsetlin) ou infinis et non linéaires. Seules les deux premières catégories d'arbrisseaux peuvent figurer dans une structure mixte récurrente positive comme le montre le résultat suivant.

Théorème 1.3.

Une structure mixte contenant un arbrisseau de Hendricks infini et non linéaire est toujours nulle.

Démonstration.

Soit S une structure mixte possédant un arbrisseau de Hendricks infini et non linéaire (T_1,γ_1), de racine η_1, branché en $\omega_1 \in \partial T_0$. Comme au § 1.3, nous noterons $T_1^+ = T_1 \setminus \eta_1$.

Soit (S,p) une librairie mixte associée à S et $u(\pi)$ sa mesure stationnaire donnée par la formule (1.1).

Considérons l'ensemble d'états

$$E_e^0 = \{\pi \in E_e \ ; \ \pi(t)=e(t) \quad \forall t \in T_1^+ \cup \omega_1\} .$$

Alors, pour tout $\pi \in E_e^0$,

$$u(\pi) = \prod_{s\in T_0} Q_s(\pi) . \prod_{s\in T\setminus T_0} Q_s^*(\pi)$$

$$= \prod_{s\in T_1^+\cup\omega_1} \left[p_{e(s)}/p_{\pi(s)}\right]^{|\omega_1|} . \prod_{s\in T_1^+} Q_s^*(\pi)$$

$$= \prod_{s\in T_1^+} Q_s^*(\pi) ,$$

cette dernière expression étant la mesure stationnaire d'une librairie de Hendricks sur l'arbre $T_1^+ \cup \omega_1$ de racine ω_1, la probabilité

tant, en raison de l'homogénéité de la mesure stationnaire, propor-
ionnelle à $(p_{e(s)})_{s\in T_1^+\cup\omega_1}$. Or nous avons vu en (3.5.4) que, quel
ue soit le choix de la probabilité, une librairie de Hendricks in-
inie et non linéaire n'est pas récurrente positive.
ar conséquent

$$\sum_{\pi\in E_e} u(\pi) \geq \sum_{\pi\in E_e^0} u(\pi) = \infty \quad . \square$$

.3. <u>Bord de l'arbre des transpositions</u>.

ous avons le résultat suivant.

<u>héorème 1.4</u>.

ne structure mixte dont le bord ∂T_0 est infini est toujours nulle.

<u>émonstration</u>.

'après le théorème 1.2, nous pouvons prendre (T_0,γ_0) de type fini.
uisque T_0 est infini, nous sommes dans le cas représenté par la
ig. 26. Comme ∂T_0 est infini, on désigne par ω_0 le sommet de ∂T_0
itué sur l'axe infini et le plus proche du cycle C. Il est clair
ue l'ensemble des sommets t de ∂T_0 tels que $\omega_0 \leq t$ est infini.

ésignons par S (fig. 27-a) la structure mixte considérée et par S'
fig. 27-b) la structure où chacun des arbrisseaux de Hendricks
ont la racine t est $\geq \omega_0$ est remplacé par une marguerite de même
acine et de même cardinalité (remarquons que S' est encore une
tructure mixte).

onsidérons alors les librairies $(Y'_n)_{n=0}^{\infty}=(S',p)$ et $(Y_n)_{n=0}^{\infty}=(S,p)$ et
ésignons, conformément à la proposition 3.5.1, par $(\tilde{Y}'_n)_{n=0}^{\infty}$ (resp.
$\tilde{Y}_n)_{n=0}^{\infty}$) la librairie-quotient de (S',p) (resp. (S,p)) associée à

la partition de T obtenue en groupant dans une même classe tous les sommets, à l'exception de la racine, d'une même marguerite (ou d'un même arbrisseau de Hendricks) dont la racine, située sur l'axe infini, est $\geq \omega_0$; il est trivial d'observer que $(\widetilde{Y}_n)_{n=0}^{\infty} = (\widetilde{Y'}_n)_{n=0}^{\infty}$.

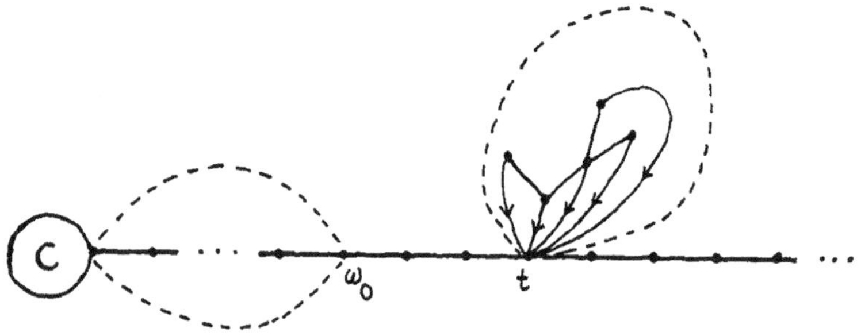

fig. 27-a

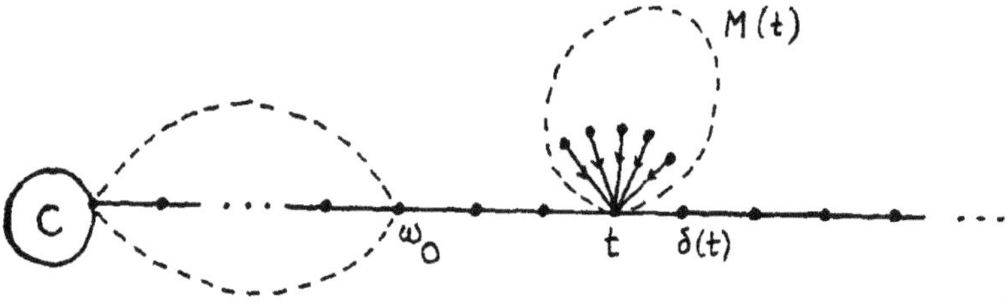

fig. 27-b

Soit alors $t \geq \omega_0$ situé sur l'axe infini et M(t) une marguerite, non réduite à $\{t\}$, de sommet t, et soit $\delta(t)$ <u>le</u> sommet tel que $\gamma[\delta(t)] = t$ et $\delta(t) \notin M(t)$ (fig. 27-b).
Soit enfin $s \in M(t) \setminus \{t\}$; désignons par $\theta_{s,\delta(t)}$ la transposition de s et de $\delta(t)$ et posons

$$[s,t] = e \circ \theta_{s,\delta(t)} \ .$$

$u(\pi)$ désignant la mesure stationnaire de $(Y'_n)_{n=0}^{\infty}$ donnée par la formule (1.1), on peut montrer, exactement comme en (1.2), que

$$u([s,t]) = 1.$$

$\check{\pi}$ désignant la classe d'équivalence de $\pi \in E_e$, il est facile de oir que si $t_1 > t_2 \geq \omega_0$, si $M(t_1) \neq \{t_1\}$ et $M(t_2) \neq \{t_2\}$ et si $_1 \in M(t_1)\setminus\{t_1\}$ et $s_2 \in M(t_2)\setminus\{t_2\}$, alors

$$[s_1,t_1] \notin \widetilde{[s_2,t_2]} .$$

ar conséquent, $\tilde{u}$ étant la mesure stationnaire de $(\tilde{Y}'_n)_{n=0}^{\infty}$ déduite e u grâce à la proposition 3.5.3, on a

$$\sum_{\tilde{\pi}} \tilde{u}(\tilde{\pi}) \geq \sum \{u([s,t]) \ ; \ t \in \partial T_0, \ t \geq \omega_0\} = \infty \ .$$

onc $(\tilde{Y}_n)_{n=0}^{\infty} = (\tilde{Y}'_n)_{n=0}^{\infty}$ n'est pas récurrente positive; conformément à a proposition 3.5.3, $(Y_n)_{n=0}^{\infty}$ n'est pas récurrente positive. □

.4. Structures mixtes du type RO.

onsidérons maintenant des structures mixtes ne contenant pas d'arrisseau de Tsetlin. Alors les résultats précédents nous fournisent une première classe de structures mixtes susceptibles d'être écurrentes positives, c'est-à-dire qu'elles ne sont pas forcément oujours nulles.

éfinition 1.5.

ne structure mixte est dite du type RO si:

1. Son arbre des transpositions (T_0,γ_0) est de type fini.
2. ∂T_0 est fini.
3. Les arbrisseaux de Hendricks sont finis.

utrement dit, une structure du type RO est le branchement d'une tructure infinie de McCabe sur une structure mixte finie.

Si l'on représente par des "feuilles" les arbrisseaux de Hendricks finis, une structure du type RO pourra, avec nos conventions graphiques précédentes (les triangles de la fig. 26 étant "aplatis"), être schématisée comme suit.

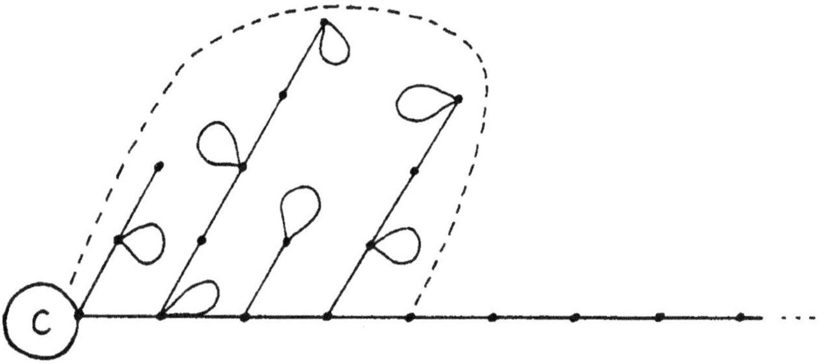

fig. 28

1.5. Structures mixtes du type R1.

Nous supposons maintenant que la structure mixte contient au moins un arbrisseau de Tsetlin.

Nous avons d'abord le résultat suivant.

Proposition 1.6.

Soit S une structure mixte et (T_1, γ_1) un de ses arbrisseaux de Tsetlin de racine $\omega_1 \in \partial T_0$. S'il existe $t_0 \in T_0$ tel que $\gamma(t_0) = \omega_1$, S est toujours nulle.

Démonstration.

Il suffit d'adapter de manière évidente la démonstration du théorème 1.3. Si T_1 désigne l'ensemble des sommets (y compris sa racine ω_1) de l'arbrisseau de Tsetlin et si on pose

$$E_e^0 = \{\pi \in E_e \; ; \; \pi(t)=e(t) \quad \forall t \notin T_1 \cup t_0\} ,$$

alors, u désignant la mesure stationnaire d'une librairie associée (S,p) donnée par la formule (1.1), la restriction de u à E_e^0 est la mesure stationnaire d'une librairie de Hendricks infinie et non linéaire; le résultat cherché provient de (3.5.4). □

Soient (T_i,γ_i), $i\in[1,m]$, les arbrisseaux de Tsetlin, de racine ω_i, de la structure S et, $|t|$ désignant la distance de $t\in T$ au cycle C, posons

$$\delta = \sup\{|\omega_i| \; ; \; i\in[1,m]\} = |\omega_1| \text{ e.g.}$$

Introduisons la

Définition 1.7.

On qualifie $\{\omega_1, \gamma(\omega_1),\ldots, \gamma^{\delta}(\omega_1)\}$ d'axe principal de la structure S.

Nous sommes à présent en mesure de démontrer les résultats suivants

Proposition 1.8.

Une structure mixte possédant deux arbrisseaux de Tsetlin est toujours nulle.

Démonstration.

Supposons qu'il existe, en dehors de (T_1,γ_1), un deuxième arbrisseau de Tsetlin (T_2,γ_2) de racine ω_2 et soit u la mesure stationnaire de la librairie associée (S,p) donnée par la formule (1.1). Alors, comme on l'a fait en (1.2), on peut montrer que

(1.3) u ne change pas si on opère sur la structure S la transformation suivante: un arbrisseau (de Tsetlin ou non) branché en $\omega\in T_0$ est déplacé et on le branche sur le sommet de l'axe principal situé à la distance $|\omega|$ du cycle C.

On peut donc, d'après (1.3), supposer que le deuxième arbrisseau de Tsetlin (T_2,γ_2) est branché sur un sommet ω_2 de l'axe principal.
Si $|\omega_2| = |\omega_1| = \delta$, alors au sommet $\omega_1 \in T_0$ est branché un arbrisseau de Hendricks infini et non linéaire, et la structure S est toujours nulle d'après le théorème 1.3.
Si $|\omega_2| < |\omega_1| = \delta$ et si $\omega_2 = \gamma^n(\omega_1)$, $n \geq 1$, alors, en posant $t_0 = \gamma^{n-1}(\omega_1) \in T_0$, on a $\gamma(t_0) = \gamma^n(\omega_1)$ et la structure S est toujours nulle d'après la proposition 1.6. □

Proposition 1.9.
Soit S une structure mixte possédant un seul arbrisseau de Tsetlin (T_1,γ_1) de racine ω_1, avec $|\omega_1| = \delta$. Alors, si on a l'une des deux situations suivantes:

1. Il existe $t \in T_0$ tel que $|t| > \delta$;
2. Il existe un arbrisseau de Hendricks fini (T_2,γ_2) dont la racine ω_2 est telle que $|\omega_2| = \delta$,

la structure S est toujours nulle.

Démonstration.

1. S'il existe $t \in T_0$ tel que $|t| > \delta$, il existe $t_0 \in T_0$ tel que $|t_0| = \delta+1$; d'après (1.3) on peut supposer que $\gamma(t_0) = \omega_1$ et le résultat est obtenu grâce à la proposition 1.6.

2. S'il existe un arbrisseau de Hendricks fini dont la racine est à la distance δ du cycle, on peut toujours supposer, d'après (1.3), qu'il est branché en ω_1; le résultat provient alors du théorème 1.3. □

Les propositions précédentes nous fournissent une deuxième classe de structures mixtes, contenant un arbrisseau de Tsetlin, susceptiles d'être récurrentes positives, c'est-à-dire qu'elles ne sont as forcément toujours nulles.

éfinition 1.10.

ne structure mixte est dite du type R1 si:

1. Elle possède un seul arbrisseau de Tsetlin (T_1, γ_1) de racine avec $|\omega| = \delta$; tous les autres arbrisseaux de Hendricks sont fiis.

2. T_0 est fini et $\forall t \in T_0 \quad |t| \leqslant \delta$.

3. ∂T_0 est fini et $\forall t \in \partial T_0 \setminus \{\omega\} \quad |t| < \delta$.

vec nos conventions graphiques précédentes, nous pourrons schémaiser comme suit une structure du type R1:

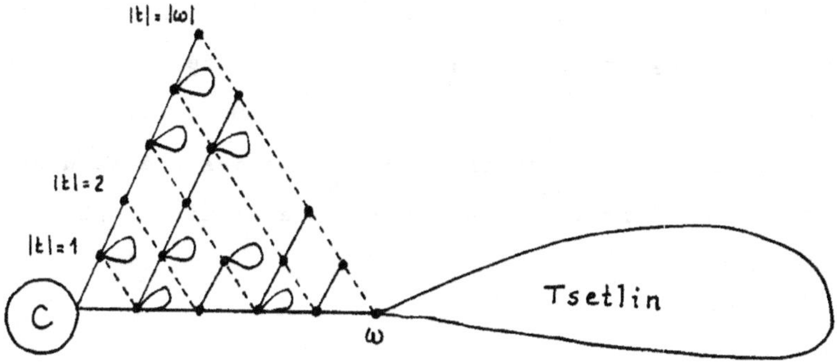

fig. 29

.6. Structures mixtes du type $\mathcal{R}$.

ans ce sous-paragraphe, nous allons résumer l'ensemble des résulats du paragraphe 1. Commençons par rassembler les définitions .5 et 1.10.

Définition 1.11.

Une structure mixte est dite du type $\mathcal{R}$ si elle est du type R0 ou du type R1.

Nous pouvons alors énoncer le résultat suivant.

Théorème 1.12.

Une structure mixte qui n'est pas du type $\mathcal{R}$ est toujours nulle.

2. Opérateurs de réduction sur les structures du type $\mathcal{R}$.

Nous avons vu, au théorème 1.12, que les seules structures mixtes susceptibles d'être récurrentes positives sont les structures du type $\mathcal{R}$. Dans ce paragraphe, nous allons examiner de plus près ces structures en indiquant comment numéroter les sommets de l'arbre qui leur est associé et surtout en introduisant des opérateurs permettant de "réduire" certaines d'entre elles à d'autres, plus simples à étudier.

2.1. Structures du type R1: numérotation des sommets.

Etant donnée une structure mixte du type R1, $S=(T,\gamma,e,B,\rho)$ (fig.29) nous allons numéroter les sommets de T de la manière suivante:

Si card $C = c+1$, $c \geq 0$, nous numérotons par $\{0,-1,\ldots,-c\}$ les sommets du cycle C, 0 désignant le sommet de C appartenant à l'axe principal (définition 1.7).

Si T_1 désigne l'ensemble des sommets de l'arbrisseau de Tset-

in (T_1,γ_1) avec sa racine ω, et si $\mathrm{card}(T\setminus C\cup T_1) = N-1$, on numéro-
e dans un ordre arbitraire les sommets de $T\setminus C\cup T_1$ par $\{1,2,\dots,N-1\}$.

Enfin on numérote dans l'ordre naturel les sommets de T_1 par
N,N+1,N+2,...} .

.2. L'opérateur de réduction Φ_0.

oit $S=(T,\gamma,e,B,\rho)=S_0 - \partial T_0 - (S_i)_{i=1}^{N}$ une structure mixte du type RO
nous écrirons $S \in RO$) représentée à la fig. 28.

n sait qu'il existe $\omega_0 \in T_0$ tel que

$$A(\omega_0) = \{t \in T \; ; \; \omega_0 \leq t\}$$

st un axe infini inclus dans T_0.

n adopte les notations suivantes:

$$\text{(2.1)} \qquad \begin{cases} \delta = \sup\{|t| \; ; \; t \in T\setminus A(\omega_0)\}, \\ \omega \text{ est le sommet de } A(\omega_0) \text{ tel que } |\omega| = \delta+1, \\ A(\omega) = \{t \in T \; ; \; \omega \leq t\}. \end{cases}$$

éfinition 2.1.

n désigne par Φ_0 l'opérateur de réduction de RO vers R1 qui, à
ne structure $S=(T,\gamma,e,B,\rho) \in RO$, fait correspondre la structure
$\Phi_0(S)=(T,\gamma,e,B,\rho') \in R1$ où, ω et $A(\omega)$ ayant été introduits en (2.1),
a police ρ' de $\Phi_0(S)$ est donnée par:

$$\rho'(t) = \begin{cases} \rho(t) & \text{si} \quad t \notin A(\omega)\setminus\{\omega\} \\ \omega & \text{si} \quad t \in A(\omega)\setminus\{\omega\}. \end{cases}$$

Les fig. 30-a ($S \in R0$) et 30-b ($\Phi_0(S) \in R1$) illustrent un exemple de réduction par l'opérateur Φ_0.

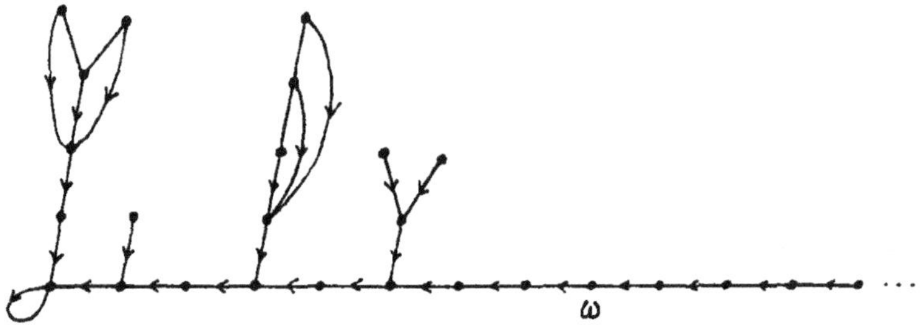

fig. 30-a

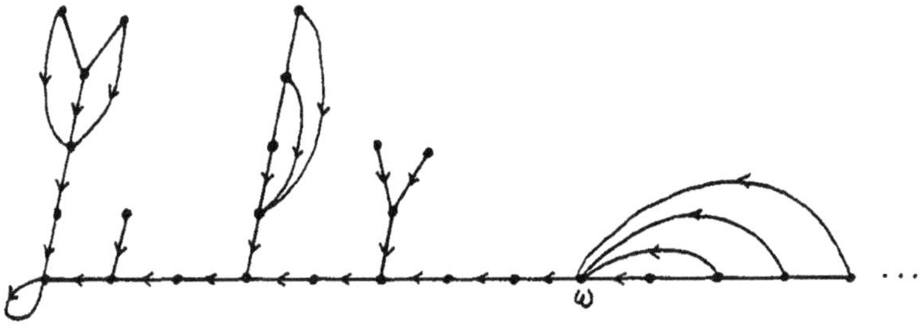

fig. 30-b

<u>Remarque 2.2</u>.
On peut numéroter les sommets de T (associé à $\Phi_0(S) \in R1$) de la manière indiquée au sous-paragraphe 2.1; nous <u>garderons</u> cette numérotation lorsque T est associé à $S \in R0$.

2.3. <u>L'opérateur de réduction</u> Φ_1.

Les structures mixtes S du type R1 sont des cas particuliers des structures VMFT introduites au paragraphe 6.1. On peut donc les considérer comme le branchement d'une structure de Tsetlin infinie otée T^{∞} comme à la définition 6.1.1, sur une structure mixte finie, otée M(S), en un sommet ω situé à la distance $|\omega| = \delta$ du cycle C. ous écrirons donc, pour tout $S \in R1$,

$$S = M(S) - \{\omega\} - T^{\infty} . \qquad (2.2)$$

ous pouvons à présent introduire les définitions suivantes.

éfinition 2.3.

2.3) On désigne par R1* l'ensemble des structures $S = M(S) - \{\omega\} - T^{\infty}$ e R1 pour lesquelles M(S) est une structure de transposition.

2.4) Pour tout entier naturel n, on désigne par $R1^n$ l'ensemble des tructures $S = M(S) - \{\omega\} - T^{\infty} \in R1^*$ pour lesquelles $\delta = |\omega| = n$.

éfinition 2.4.

n désigne par Φ_1 l'opérateur de réduction de R1 vers R1* qui, à ne structure $S \in R1$, associe une structure $\Phi_1(S) \in R1^*$ où chaque rbrisseau de Hendricks fini de S a été remplacé par une marguerite e même racine et de même cardinalité.

onsidérons, par exemple, la structure $S \in R1$ représentée à la fig. O-b; la fig. 31 représente alors $\Phi_1(S) \in R1^*$.

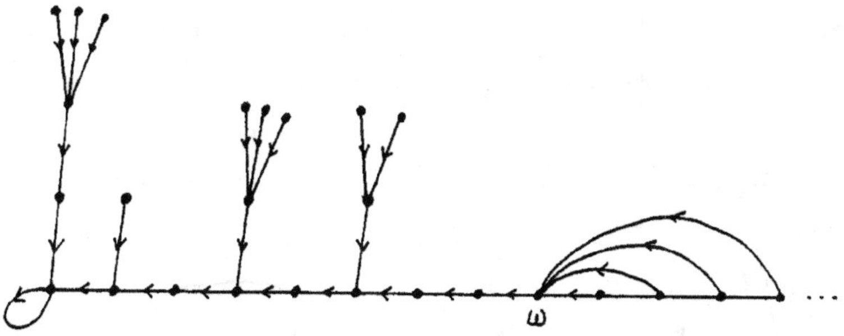

fig. 31

2.4. L'opérateur de réduction Φ_2.

Définition 2.5.

R1* et $R1^n (n \geq 0)$ ayant été définis en (2.3) et (2.4), on désigne par Φ_2 l'opérateur de réduction de $R1^* \setminus R1^0$ vers R1* qui associe, à une structure $S=(T,\gamma,e,B,\rho)$ de $R1^n$, $n \geq 1$, la structure $\Phi_2(S)=(T,\gamma',e,B,\rho')$ de $R1^{n-1}$ où les applications γ' et ρ' sont définies comme suit: désignons, pour la structure S de cycle C, par $D_{01} = \{t_i\}_{i=0}^{m}$ avec $t_0=t_{m+1}$ (resp. D_2) l'ensemble des sommets de T à la distance 0 ou 1 (resp. 2) de C; alors

$$\gamma'(t) = \begin{cases} t_{i+1} & \text{si} \quad t=t_i, 0 \leq i \leq m \\ \gamma^2(t) & \text{si} \quad t \in D_2 \\ \gamma(t) & \text{si} \quad t \in T \setminus (D_{01} \cup D_2). \end{cases}$$

et

$$\rho'(t) = \begin{cases} \gamma'(t) & \text{si} \quad t \in D_{01} \cup D_2 \\ \rho(t) & \text{si} \quad t \in T \setminus (D_{01} \cup D_2). \end{cases}$$

La signification intuitive de la définition précédente est que l'on rassemble, dans le cycle C' de $\Phi_2(S)$, outre les sommets du cycle C de S, tous les sommets de S qui étaient à la distance 1 de C. Les fig. 32-a ($S \in R1^4$) et 32-b ($\Phi_2(S) \in R1^3$) illustrent un exemple de réduction par l'opérateur Φ_2.

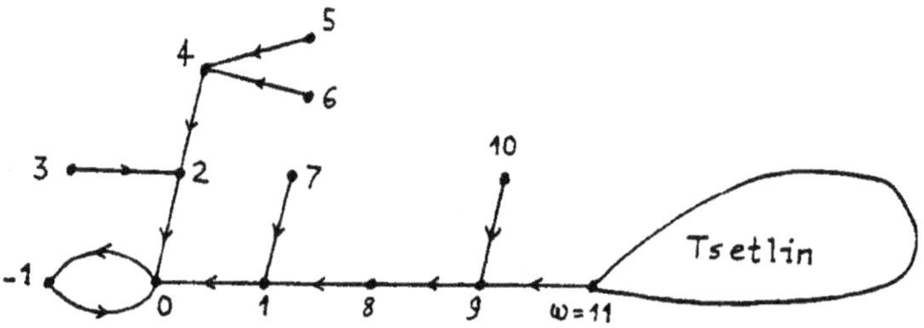

fig. 32-a

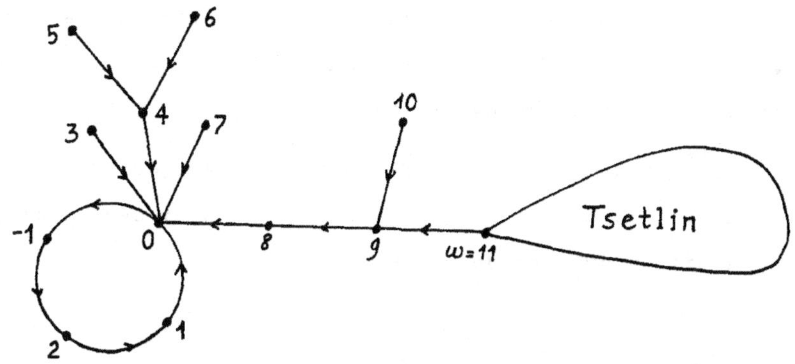

fig. 32-b

. Caractérisation des librairies mixtes récurrentes positives.

'ous avons vu, au théorème 1.12, que les seules structures mixtes usceptibles d'être récurrentes positives sont les structures du ype $\mathcal{R}$. Dans ce paragraphe, nous allons montrer que ces structures e sont effectivement; nous avons, en fait, le résultat plus précis uivant.

héorème 3.1.

ne librairie mixte (S,p) est récurrente positive si et seulement i:

1. La structure $S=(T,\gamma,e,B,\rho)$ est du type $\mathcal{R}$;

2. Les sommets de T étant numérotés comme indiqué au sous-pararaphe 2.1 et à la remarque 2.2,

$$\sum_{i=-c}^{\infty} p_{e(i+1)}/p_{e(i)} < \infty .$$

émonstration.

Conformément au théorème 1.12, nous ne considèrerons que des librairies (S,p) avec $S \in \mathcal{R}$; dans ce qui suit u(S,p;.) désignera la mesure stationnaire de (S,p) donnée par la formule (1.1).

[⇒] Ce sens est très simple: N étant le numéro de ω défini au sous paragraphe 2.1 ou à la remarque 2.2, soit $i \geq N$ et désignons par θ_i la transposition de i et de i+1.

Si $S \in R0$, alors

$$u(S,p;eo\theta_i) = Q_{i+1}(eo\theta_i) = p_{e(i+1)}/p_{e(i)}.$$

Si $S \in R1$, alors

$$u(S,p;eo\theta_i) = Q^*_{i+1}(eo\theta_i) \geq \inf\{1, p_{e(i+1)}/p_{e(i)}\} .$$

Cela étant, si (S,p) est récurrente positive, $\sum_{\pi \in E_e} u(S,p;\pi) < \infty$ et par suite $\sum_{i=N}^{\infty} u(S,p;eo\theta_i) < \infty$; comme, pour toute librairie (S,p) avec $S \in \mathcal{R}$, $u(S,p;eo\theta_i) \geq \inf\{1, p_{e(i+1)}/p_{e(i)}\}$, on en déduit que $\sum_{i=N}^{\infty} p_{e(i+1)}/p_{e(i)} < \infty$.

[⇐] Supposons maintenant que $\sum_{i=-c}^{\infty} p_{e(i+1)}/p_{e(i)} < \infty$; on peut alors considérer sans perte de généralité, quitte à changer d'état initial tout en restant dans E_e, que $p_{e(i+1)} \leq p_{e(i)}$ pour tout $i \geq -c$.

Nous allons faire la démonstration par réductions successives.

1. Soit $S \in R0$ et $\Phi_0(S) \in R1$ où Φ_0 désigne l'opérateur de réduction de R0 vers R1 (définition 2.1). Alors, pour tout $\pi \in E_e$,

$$\frac{u[S, p; \pi]}{u[\Phi_0(S), p; \pi]} = \prod_{i=N}^{\infty} \frac{Q_i(\pi)}{Q^*_i(\pi)} .$$

Considérons la probabilité q sur $e(\mathbb{N})$ défini, à partir de p, comme suit

$$\begin{cases} q_{e(0)} = p_{e(-c)}+\dots+p_{e(-1)}+p_{e(0)} \\ q_{e(t)} = p_{e(t)} \quad \text{si} \quad t>0 \end{cases}$$

t désignons, conformément à l'exemple 1.3.2, par (e,M_ω^∞), $\omega\in\overline{\mathbb{N}}$, les tructures mixtes linéaires. Nous avons alors

$$\prod_{i=N}^{\infty} \frac{Q_i(\pi)}{Q_i^*(\pi)} = \frac{u[e,M_\infty^\infty,q;\pi]}{u[e,M_N^\infty,q;\pi]} .$$

uisque, pour tout entier i, $q_{e(i+1)} \leq q_{e(i)}$, on déduit du théorème .2.2 que

$$\prod_{i=N}^{\infty} \frac{Q_i(\pi)}{Q_i^*(\pi)} \leq 1$$

t par conséquent, pour tout $S\in RO$ et tout $\pi\in E_e$,

$$u[S,p;\pi] \leq u[\Phi_0(S),p;\pi] .$$

our montrer que $u[S,p;.]$ est bornée, il suffit donc de prouver que $[\Phi_0(S),p;.]$ l'est, c'est-à-dire qu'il suffit de démontrer le théorème pour les structures du type R1.

2. Soit $S\in R1$ possédant m arbrisseaux de Hendricks finis (T_i,γ_i) $\leq i\leq m$, de racine ω_i, et $\Phi_1(S)\in R1^*$ où Φ_1 désigne l'opérateur e réduction de R1 vers R1* (définition 2.4).

lors, pour tout $\pi\in E_e$,

$$\frac{u[S,p;\pi]}{u[\Phi_1(S),p;\pi]} = \prod_{i=1}^{m} \prod_{t\in T_i} \frac{q_t(e)}{p_{e(t)}} \cdot \frac{p_{\pi(t)}}{q_t(\pi)} .$$

ntroduisons la constante K définie par

$$K = \prod_{i=1}^{m} \prod_{t\in T_i} \frac{q_t(e)}{p_{e(t)}} .$$

n observant que $p_{\pi(t)} \leq q_t(\pi) = \sum_{t\leq s} p_{\pi(s)}$, il vient, pour toute librairie (S,p) avec $S \in R1$ et pour tout $\pi \in E_e$,

$$u[S,p;\pi] \leq K.u[\Phi_1(S),p;\pi] .$$

Pour montrer que $u[S,p;.]$ est bornée, il suffit donc de prouver que $u[\Phi_1(S),p;.]$ l'est, c'est-à-dire qu'il suffit de démontrer le théorème pour les structures de $R1^*$.

3. Soit $S \in R1^*$; puisque, d'après (2.4), $R1^*$ est la réunion des $R1^n$, $n \geq 0$, nous allons supposer que $S \in R1^n$ avec $n \geq 1$. Considérons alors $\Phi_2(S) \in R1^{n-1}$ où Φ_2 désigne l'opérateur de réduction de $R1^* \setminus R1^0$ vers $R1^*$ (définition 2.5).

Pour tout $\pi \in E_e$, nous avons

$$\frac{u[S,p;\pi]}{u[\Phi_2(S),p;\pi]} = \prod_{i=-c}^{0} \frac{p_{\pi(i)}}{p_{e(i)}} .$$

Comme par hypothèse $p_{e(i+1)}/p_{e(i)} \leq 1$ pour tout $i \geq -c$, on a

$$\prod_{i=-c}^{0} \frac{p_{\pi(i)}}{p_{e(i)}} \leq 1$$

et par conséquent, pour toute librairie (S,p) avec $S \in R1^* \setminus R1^0$ et tout $\pi \in E_e$,

$$u[S,p;\pi] \leq u[\Phi_2(S),p;\pi] .$$

Une récurrence évidente implique que, pour montrer que $u[S,p;.]$ est bornée, S étant du type $R1^n$ avec $n \geq 1$, il suffit de prouver que $u[\Phi_2^n(S),p;.]$ l'est, c'est-à-dire qu'il suffit de démontrer le théorème pour les structures du type $R1^0$.

4. Soit $S=(T,\gamma,e,B,\rho) \in R1^0$; S est donc le branchement d'une structure de Tsetlin infinie sur un cycle C comportant $\omega+1$ sommets, $\omega \geq 0$. Si on numérote par $\mathbb{N}$ les sommets de T, $\{0,1,\ldots,\omega\}$ désignant les sommets de C, on a, pour tout $\pi \in E_e$,

$$u[S,p;\pi] = u[e,T_\omega^\infty,p;\pi]$$

ù la structure (e,T_ω^∞) a été définie à l'exemple 1.2.6.

r on sait, d'après le théorème 4.2.1, que $\sum_{i=0}^{\infty} p_{e(i+1)}/p_{e(i)} < \infty$

mplique la récurrence positive de (e,T_ω^∞,p) et par conséquent

a récurrence positive de (S,p). □

Chapitre 9

CLASSIFICATION DES LIBRAIRIES ET DES STRUCTURES MIXTES .

Chercher à classer les librairies mixtes (infinies) selon leur type, i.e. selon qu'elles sont récurrentes positives, récurrentes nulles ou transientes, est un problème redoutable du fait de la difficulté à prouver la transience d'une librairie mixte quelconque.

Sans déterminer complètement une telle classification, on peut néanmoins essayer de se faire une idée de sa complexité; c'est ce que nous ferons au paragraphe 1: laissons de côté les librairies mixtes acycliques dont on sait qu'elles sont transientes et limitons-nous aux chaînes cycliques; l'étude de la récurrence positive de ces chaînes nous a conduit, au chapitre précédent, à subdiviser l'ensemble des structures associées en seulement deux classes disjointes; nous montrerons que cette subdivision s'avère insuffisante lorsqu'on s'intéresse à la transience de ces chaînes: plus précisément, nous exhiberons trois structures mixtes cycliques S_1, S_2, S_3 telles que les trois familles de librairies associées (S_i,p), i=1, 2,3, aient des conditions nécessaires et suffisantes de transience distinctes.

Si, par contre, on se limite au problème plus simple de la classification des structures mixtes en structures récurrentes positives, récurrentes nulles et transientes, on peut apporter une réponse définitive comme nous le montrerons au paragraphe 2.

. Quelques résultats sur la classification des librairies mixtes.

ommençons par introduire ou rappeler quelques notations; on dési-
ne par:

1.1) $\overline{\mathcal{C}}$ l'ensemble des structures mixtes acycliques,

1.2) $\mathcal{C}$ l'ensemble des structures mixtes cycliques,

1.3) $\mathcal{R}$ l'ensemble des structures mixtes considérées à la définition 8.1.11.

e théorème 7.3.4 fournit un premier élément de la classification es librairies mixtes: si $S \in \overline{\mathcal{C}}$, toute librairie (S,p) est transiene. Dans la suite de ce paragraphe, nous ne nous intéresserons plus u'aux chaînes (S,p) avec $S \in \mathcal{C}$.

es résultats du chapitre 8 fournissent les éléments supplémentaies suivants:

i $S \in \mathcal{C} \setminus \mathcal{R}$, toute librairie (S,p) est nulle;

outes les familles de librairies (S,p), avec $S \in \mathcal{R}$, ont même conition nécessaire et suffisante de récurrence positive.

n ce qui concerne la transience des chaînes (S,p), $S \in \mathcal{C}$, les rois résultats précédents nous incitent à poser les deux questions uivantes:

outes les familles de librairies (S,p), avec $S \in \mathcal{C}$, ont-elles même ondition nécessaire et suffisante de transience?

t, dans la négative,

a transience des familles (S,p) est-elle caractérisée de (seuleent) deux manières distinctes selon que $S \in \mathcal{R}$ ou $S \in \mathcal{C} \setminus \mathcal{R}$?

Il s'avère que la réponse à ces deux questions est <u>négative</u>:

1. On sait, d'après les résultats du paragraphe 6.3, que, si S est une structure <u>linéaire</u> du type R1, (S,p) est transiente si et seulement si

$$(1.4) \qquad \sum_{n=0}^{\infty} \prod_{i=0}^{n} \frac{p_{e(i)}}{1 - s_i(e)} < \infty$$

où, rappelons-le, $s_i(e)=p_{e(0)}+p_{e(1)}+\ldots+p_{e(i)}$.

<u>Nous pensons</u> qu'en fait (1.4) caractérise la transience des chaînes (S,p) <u>pour toute structure $S \in \mathcal{R}$</u> ; un pas important dans cette direction sera fait lorsqu'on aura su caractériser les librairies de McCabe $(e,M_{\infty}^{\infty},p)$ transientes.

2. Nous montrerons au sous-paragraphe 1.1 et en utilisant (Dies 1982-b,§5) que si l'on considère la structure $(e,H_1^{\infty}) \in \mathcal{C} \setminus \mathcal{R}$ représentée à la fig. 14, la transience des chaînes (e,H_1^{∞},p) <u>n'est pas</u> caractérisée par (1.4); ce résultat prouve que la subdivision des structures cycliques en $\mathcal{R}$ et $\mathcal{C} \setminus \mathcal{R}$ s'avère nécessaire non seulement quand on s'intéresse à la récurrence positive des librairies mais aussi quand on s'intéresse à leur transience.

3. Nous montrerons au sous-paragraphe 1.2 que, si $S \in \mathcal{C} \setminus \mathcal{R}$ est une structure de la marguerite (fig. 21-b), la transience des marguerites (S,p) <u>n'est pas caractérisée de la même manière</u> que celle des chaînes (e,T_0^{∞},p) ou (e,H_1^{∞},p).

Les résultats que nous venons d'énoncer prouvent que la classification des librairies mixtes nécessite une partition de l'ensemble des structures associées en <u>au moins quatre</u> classes: $\overline{\mathcal{C}}$, $\mathcal{R}$ et au moins deux classes (peut-être une infinité!) constituant une partition de $\mathcal{C} \setminus \mathcal{R}$.

.1. Transience des librairies (e,H_1^∞,p).

ettons en place quelques notations. $R(e,\pi)$ et $B_n(e)=\{e(0),\ldots,e(n)\}$ yant été définis en (1.4.7) et en (1.4.9), on désigne par

$$R^{n,k}(e,\pi)$$

'ensemble des mots de $R(e,\pi)\cap B_n^*(e)$ de longueur $k\geq 0$.

et b étant deux éléments distincts de $B_n(e)$, on pose

1.5) $$Q^k(a,b) = \sum \left\{ Q[R^{n,k}(e,\pi)] \ ; \ \pi(0)=a,\ \pi(1)=b \right\},$$

1.6) $$Q^*(a,b) = \sum_{k=0}^{\infty} Q^k(a,b),$$

1.7) $$X_a = \sum \left\{ Q^*(a,b) \ ; \ b \in B_n(e) \setminus a \right\},$$

1.8) $$\overline{X} = \sum \left\{ p_a X_a \ ; \ a \in B_n(e) \right\}.$$

ommençons par démontrer la

roposition 1.1.

upposons que $\sup\{ [1-s_n(e)]/p_a \ ; \ a\in B_n(e)\} \leq K$; alors il existe eux constantes positives $D_1(K)$ et $D_2(K)$, indépendantes de n, teles que, pour tous a et b dans $B_n(e)$,

$$D_1(K) \leq X_a/X_b \leq D_2(K).$$

émonstration.

a définition de la police de (e,H_1^∞) implique, a, b et c étant rois livres de $B_n(e)$,

$$Q^{k+1}(a,c) = p_c Q^k(c,a) + p_c \sum_{b\neq a} Q^k(a,b) \qquad (k\geq 0)$$

'où, en sommant sur k,

1.9) $$Q^*(a,c) = Q^0(a,c) + p_c Q^*(c,a) + p_c X_a .$$

oit, en sommant sur c et en posant

$$(1.10) \qquad E_a^1 = \sum_{c \neq a} Q^0(a,c),$$

$$(1.11) \qquad (1-s_n(e)+p_a)X_a = E_a^1 + \sum_{c \neq a} p_c Q^*(c,a).$$

Si on exprime $Q^*(c,a)$ donné par (1.9) et si on pose

$$(1.12) \qquad E_a^2 = E_a^1 + \sum_{c \neq a} p_c Q^0(c,a),$$

il vient, d'après (1.8) et (1.11),

$$(1.13) \qquad [(1-s_n(e))p_a^{-1}+1+p_a]X_a = E_a^2 p_a^{-1} + \overline{X} + \sum_{c \neq a} p_c Q^*(a,c).$$

Par conséquent, puisque, par hypothèse, on a $[1-s_n(e)]\, p_a^{-1} \leqslant K$, on a

$$(1.14) \qquad (2+K).X_a \geqslant \overline{X} .$$

Soit maintenant $a \in B_n(e) \setminus \{e(0),e(1)\}$; alors, les définitions (1.10) et (1.12) et le calcul de $Q^0(a,c)$ impliquent que $E_a^1 = E_a^2 = 0$ et, partant, (1.13) s'écrit

$$(1.13') \qquad [(1-s_n(e))p_a^{-1}+1+p_a]\, X_a = \overline{X} + \sum_{c \neq a} p_c Q^*(a,c) .$$

Or pour un tel a, si on pose $k_n = \sum_{i=0}^{n} p_{e(i)}^2$, on déduit de (1.9) que

$$\sum_{c \neq a} p_c Q^*(a,c) = \sum_{c \neq a} p_c^2 Q^*(c,a) + (k_n - p_a^2)X_a,$$

ce qui, combiné à (1.13'), donne

$$(1.14) \qquad [(1-s_n(e))p_a^{-1}+1+p_a]X_a = \sum_{c \neq a} p_c^2 Q^*(c,a) + (k_n - p_a^2)X_a + \overline{X} .$$

Mais, comme $p_c^2 \leqslant p_c$, on déduit de (1.11) et de (1.14),

$$[(1-s_n(e))p_a^{-1}+s_n(e)+p_a^2-k_n]X_a \leqslant \overline{X}$$

et par conséquent, pour tout $a \in B_n(e) \setminus \{e(0),e(1)\}$,

$$(1.15) \qquad p_{e(0)} \cdot [1-p_{e(0)}] \cdot X_a \leqslant \overline{X} .$$

r, d'après (1.8), il est clair que $p_{e(i)}X_{e(i)} \leq \overline{X}$ (i=0,1).

onc si on pose

$$C = \inf\{p_{e(1)},\ p_{e(0)}\cdot[1-p_{e(0)}]\},$$

n a, pour tout $a \in B_n(e)$,

$$(1.16) \qquad C.X_a \leq \overline{X} .$$

a combinaison de (1.14) et de (1.16) donne le résultat cherché vec $D_1(K) = C/(2+K)$ et $D_2(K) = 1/D_1(K)$. □

ous sommes à présent en mesure de démontrer le

héorème 1.2.

osons, conformément à (2.2.9), $q_i = p_{e(i)}/[1-s_i(e)]$. Si $\underline{\lim}_n\, q_n > 0$, $e,H_1^\infty,p)$ est transiente si et seulement si

$$(1.17) \qquad \sum_{n=1}^{\infty} \frac{1}{n} \prod_{i=0}^{n} q_i < \infty .$$

émonstration.

emarquons d'abord que l'hypothèse $\underline{\lim}_n\, q_n > 0$ implique l'existence 'un nombre positif K tel que pour tout n sauf un nombre fini, $\sup\{[1-s_n(e)]/p_a\ ;\ a \in B_n(e)\} \leq K$.

ous ne considèrerons que des entiers n de ce type.

'après (1.9) et puisque $e(n) \notin \{e(0),e(1)\}$,

$$Q^*[a,e(n)] = p_{e(n)}\cdot Q^*[e(n),a] + p_{e(n)}\cdot X_a$$

$$Q^*[e(n),a] = p_a\cdot Q^*[a,e(n)] + p_a\cdot X_{e(n)}$$

'où

$$[1 - p_a p_{e(n)}]\cdot Q^*[a,e(n)] = p_{e(n)}\cdot[p_a X_{e(n)}+X_a]$$

t par suite

$$(1.18)\qquad \frac{[1 - p_a p_{e(n)}]\cdot Q^*[a,e(n)]}{[1 - p_b p_{e(n)}]\cdot Q^*[b,e(n)]} = \frac{p_a + X_a/X_{e(n)}}{p_b + X_b/X_{e(n)}} .$$

Or si, sans perte de généralité, on suppose que

$$p_{e(0)} = \sup_{t \in \mathbb{N}} p_{e(t)},$$

on a

$$1 - p^2_{e(0)} \leq \frac{1 - p_a p_{e(n)}}{1 - p_b p_{e(n)}} \leq [1 - p^2_{e(0)}]^{-1} ;$$

et d'autre part, on déduit de la proposition 1.1 que

$$C_1'(K) = \frac{D_1(K)}{p_{e(0)} + D_2(K)} \leq \frac{p_a + X_a/X_{e(n)}}{p_b + X_b/X_{e(n)}} \leq 1/C_1'(K).$$

Par conséquent, (1.18) implique

$$(1.19)\qquad C_1(K) \leq \frac{Q^*[a,e(n)]}{Q^*[b,e(n)]} \leq C_2(K)$$

avec $C_1(K) = [1-p^2_{e(0)}]\cdot C_1'(K)$ et $C_2(K) = 1/C_1(K)$.

L'examen de la police de (e,H_1^{∞}) montre facilement que

$$q_n = \sum_a Q^*[a,e(n)]$$

et par suite

$$C_1(K) \leq Q^*[a,e(n)]/(q_n/n) \leq C_2(K).$$

Il suffit alors d'utiliser (6.1.10") et la proposition 6.1.3 pour obtenir

$$(1.20)\qquad C_1(K) \leq Q_n(e)\Big/ \frac{1}{n} \prod_{i=0}^{n} q_i \leq C_2(K)$$

et le résultat provient de la proposition 2.2.1. □

On peut préciser le résultat précédent en montrant que (1.17) est ne condition <u>nécessaire</u> de transience de (e,H_1^{∞},p) <u>lorsque les</u> $p_{e(i)}$ <u>ont décroissants</u>; observons, à propos de cette hypothèse, comme n l'a fait à l'exemple 5.2.4, que la non-décroissance des $p_{e(i)}$ ui implique, d'après le théorème 4.2.1, la nullité d'une librairie e Tsetlin $(e,H_0^{\infty},p)=(e,T_0^{\infty},p)$, n'implique pas forcément sa transiene.

<u>roposition 1.3</u>.

i pour tout entier i, $p_{e(i+1)} \leq p_{e(i)}$, alors

$$(e,H_1^{\infty},p) \text{ transiente } \Rightarrow \sum_{n=1}^{\infty} \frac{1}{n} \prod_{i=0}^{n} q_i < \infty .$$

<u>émonstration</u>.

ésignons par $n_1 < n_2 < \ldots$ les éléments de l'ensemble (éventuelleent vide) fini ou infini $M = \{t \in \mathbb{N} \; ; \; q_t \geq 1/2\}$.

emarquons que si $n \in M$,

$$\sup \{ [1-s_n(e)]/p_a \; ; \; a \in B_n(e)\} = q_n^{-1} \leq 2.$$

osons $q(n) = \prod_{i=0}^{n} q_i$; un peu de calcul élémentaire montre le résltat simple suivant.

$$(1.21) \quad \sum_{n \in M} q(n)/n < \infty \Leftrightarrow \sum_{n \in \mathbb{N}} q(n)/n < \infty .$$

eci étant, on sait d'après (1.20) que

$$(1.22) \quad \forall n \in M \quad Q_n(e) \geq C_1(2).q(n)/n .$$

ar conséquent, $\sum_{n \in \mathbb{N}} q(n)/n = \infty$ impliquera, d'après (1.21), $\sum_{n \in M} q(n)/n = \infty$ qui implique, d'après (1.22), $\sum_{n \in M} Q_n(e) = \infty$ et onc $\sum_{n \in \mathbb{N}} Q_n(e) = \infty$, ce qui établit la transience de (e,H_1^{∞},p). □

Bien que le théorème 1.2 ne donne pas la condition nécessaire et suffisante de transience des librairies (e,H_1^∞,p), il montre, au moins lorsque $\underline{\lim}_n\, q_n > 0$, que la caractérisation (1.17) de la transience de ces chaînes n'est pas identique à celle des librairies de Tsetlin (e,H_0^∞,p) donnée par (1.4).

On peut en fait formuler le résultat plus précis suivant.

<u>Théorème 1.4</u>.

Pour i=0,1, désignons par $T(e,H_i^\infty)$ l'ensemble des probabilités p telles que (e,H_i^∞,p) soit transiente. Alors $T(e,H_0^\infty)$ est <u>strictement inclus</u> dans $T(e,H_1^\infty)$.

<u>Démonstration</u>.

Le théorème 6.2.2 montre que (1.4) est une condition suffisante de transience de (e,H_1^∞,p), d'où l'on déduit que $T(e,H_0^\infty)\subset T(e,H_1^\infty)$.

Il nous reste à montrer que $T(e,H_0^\infty) \neq T(e,H_1^\infty)$.

Soit p la probabilité sur $e(\mathbb{N})$ caractérisée, d'après (2.2.9), par la suite $q \in \underline{Q}$ définie par

$$q_0 = q_1 = 1 \quad \text{et} \quad q_t = \frac{t-1}{t} \quad \text{pour } t \geq 2.$$

Il est clair que $\sum_t q_t = \infty$, $\lim_{t\to\infty} q_t = 1$ (nous sommes donc dans les conditions du théorème 1.2) et que $\prod_{i=0}^{n} q_i = 1/n$.

Par conséquent, d'une part,

$$\sum_{n=1}^{\infty} \frac{1}{n} \prod_{i=0}^{n} q_i = \sum_{n=1}^{\infty} 1/n^2 < \infty$$

et (e,H_1^∞,p) est transiente d'après le théorème 1.2,

d'autre part,

$$\sum_{n=1}^{\infty} \prod_{i=0}^{n} q_i = \sum_{n=1}^{\infty} 1/n = \infty$$

et (e,H_0^∞,p) est récurrente d'après le théorème 6.3.3. □

.2. Transience des marguerites.

ous ne chercherons pas ici à caractériser les marguerites transien es; nous nous bornerons au résultat plus simple suivant qui suffit atteindre l'objectif que nous nous sommes fixés dans ce paragra- he.

héorème 1.5.

a condition nécessaire et suffisante de transience des librairies e la marguerite ne peut pas être la même que celle des librairies $e,H_0^\infty,p)$ ou (e,H_1^∞,p).

émonstration.

oit S une structure de la marguerite où les sommets de l'arbre ont indexés par $\mathbb{N}$, O désignant la racine.

$= (p_{e(n)})_{n=0}^{\infty}$ étant une probabilité sur $B=e(\mathbb{N})$, associons à p une utre probabilité $\hat{p}$ sur B comme suit:

1.23)
$$\begin{cases} \hat{p}_{e(0)} = p_{e(0)} \\ \hat{p}_{e(2n-1)} = p_{e(2n)} & (n \geq 1) \\ \hat{p}_{e(2n)} = p_{e(2n-1)} & (n \geq 1). \end{cases}$$

n déduit immédiatement de la symétrie de la marguerite, où tous es sommets autres que la racine jouent le même rôle, que les li- rairies (S,p) et $(S,\hat{p})$ sont du même type, i.e. ou toutes deux ransientes, ou toutes deux récurrentes.

onsidérons alors la probabilité p définie par

1.24)
$$p_{e(n)} = 2^{-n-1} \quad (n \geq 0).$$

ous avons

$$s_n(e) = p_{e(0)}+\dots+p_{e(n)} = 1 - 2^{-n-1}$$

et

$$(1.25)\qquad q_n = \frac{p_e(n)}{1 - s_n(e)} = 1.$$

$\hat{p}$ désignant la probabilité associée, selon (1.23), à p définie en (1.24), nous avons

$$\hat{s}_n(e) = \sum_{k=0}^{n} \hat{p}_{e(k)} = \begin{cases} 1-2^{-2k-1} & \text{si } n=2k,\ k \geq 0 \\ 1-2^{-2k+1}+2^{-2k-1} & \text{si } n=2k-1,\ k \geq 1. \end{cases}$$

et

$$(1.26)\qquad \hat{q}_n = \frac{\hat{p}_e(n)}{1 - \hat{s}_n(e)} = \begin{cases} 1 & \text{si } n=0 \\ 2 & \text{si } n=2k,\ k \geq 1 \\ 1/3 & \text{si } n=2k-1,\ k \geq 1. \end{cases}$$

Si la caractérisation de la transience des librairies de la marguerite était identique à celle des librairies (e,H_0^∞,p) ou (e,H_1^∞,p), puisque, d'après (1.25),

$$\sum_{n=1}^{\infty} \prod_{i=0}^{n} q_i \geq \sum_{n=1}^{\infty} \frac{1}{n} \prod_{i=0}^{n} q_i = \sum_{n=1}^{\infty} 1/n = \infty,$$

on déduirait des théorèmes 6.3.3 ou 1.2 que, pour p définie en (1.24), (S,p) serait récurrente.

Mais alors, puisque, d'après (1.26),

$$\sum_{n=0}^{\infty} \prod_{i=0}^{n} \hat{q}_i = \frac{4}{3} \sum_{n=0}^{\infty} \left(\frac{2}{3}\right)^n = 4 ,$$

on déduirait du théorème 6.2.2 que $(S,\hat{p})$ serait transiente, ce qui est impossible. □

. Classification des structures mixtes.

n a introduit, à la définition 7.1.1, la notion de type d'une tructure et, en (1.1),(1.2),(1.3), la partition $\{\overline{\mathcal{C}}, \mathcal{R}, \mathcal{C}\setminus\mathcal{R}\}$ de 'ensemble des structures mixtes. Les chapitres 7 et 8 nous donnent e nombreux résultats concernant la classification des structures ixtes selon leur type:

ommençons par les structures de $\overline{\mathcal{C}}$; on sait qu'elles sont

+ toujours transientes d'après le théorème 7.3.4.

onsidérons maintenant les structures de $\mathcal{C}\setminus\mathcal{R}$; on sait qu'elles ont:

+ toujours nulles d'après le théorème 8.1.12;

+ récurrentes d'après le théorème 7.3.1;

+ transientes d'après le théorème 7.2.7.

xaminons enfin les structures de $\mathcal{R}$; on sait qu'elles sont

+ récurrentes positives d'après le théorème 8.3.1;

+ transientes d'après le théorème 7.2.3.

es résultats que nous venons de rappeler montrent que, pour obtenir e classification complète des structures mixtes, il ne reste plus u'à étudier la récurrence nulle des structures du type $\mathcal{R}$. our ce faire, nous devons d'abord préciser un certain nombre de otions à commencer par la numérotation des sommets que nous avons éfinie au sous-paragraphe 8.2.1 et à la remarque 8.2.2.

.1. δ-numérotation des sommets.

oit d'abord une structure $S=(T,\gamma,e,B,\rho)\in R1$; C désigne son cycle T_1 l'ensemble des sommets de son arbrisseau de Tsetlin y compris sa racine ω .

On pose

(2.1) $$N = \mathrm{card}(T \setminus T_1).$$

Définissons comme suit la <u>ρ-distance</u> $\delta(s)$ de $s \in T \setminus T_1$ au cycle C:

(2.2) $$\delta(s) = \inf \{n \geq 0 \ ; \ \rho^n(s) \in C\} .$$

Remarquons que $\delta(s)$ n'est pas identique à la distance usuelle (i.e. la γ-distance) $|s|$ de s au cycle.

Les notations que nous venons d'introduire nous permettent d'énoncer la

<u>Définition 2.1</u>.

L'application $\nu : T \to \mathbb{N}$ est une <u>δ-numérotation</u> des sommets d'une structure $S \in R1$ si:

$$\nu(\omega) = N,$$

$$\delta(s) < \delta(t) \quad \Rightarrow \quad \nu(s) < \nu(t),$$

$$\delta(s) = \delta(t) \text{ et } |s| < |t| \quad \Rightarrow \quad \nu(s) < \nu(t).$$

La fig. 33 montre un exemple de δ-numérotation.

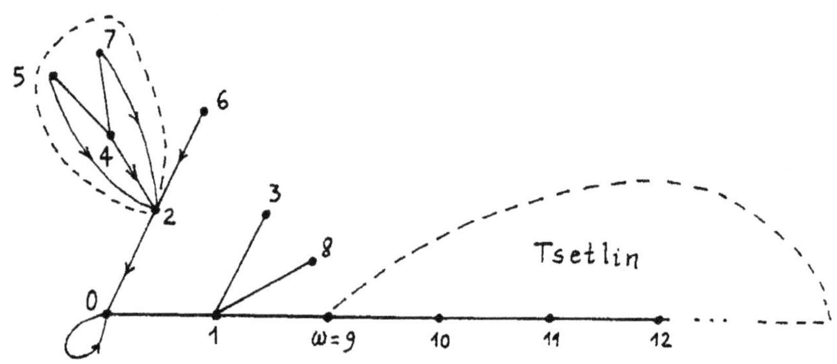

fig. 33

<u>Définition 2.2</u>.

n appelle δ-numérotation des sommets de l'arbre T associé à une tructure $S \in R0$, une δ-numérotation des sommets du même arbre T ssocié à la structure $\Phi_0(S) \in R1$, où Φ_0 est l'opérateur de réduc- ion de R0 vers R1 introduit à la définition 8.2.1.

.2. Librairies finies associées.

oit une structure $S \in \mathcal{R}$ dont les sommets sont δ-numérotés par une pplication $\nu : T \to \mathbb{N}$. Jusqu'à la fin du paragraphe, nous ne consi- èrerons que des librairies (S,p) où la probabilité p sur $B=e(\mathbb{N})$ st du type particulier suivant.

éfinition 2.3.

n désigne par P^+ l'ensemble des probabilités $p = (p_{e(n)})_{n=0}^{\infty}$ telles ue, pour tout entier n,

$$p_{e(n)} \geqslant \sum_{m > n} p_{e(m)} .$$

oit donc (S,p) avec $S \in \mathcal{R}$ et $p \in P^+$; nous allons associer à cette haîne, pour tout $n > N$ (2.1), des librairies mixtes finies $(S_n, p^{(n)})$ 'espace d'états noté E_e^n, où S_n est la structure déduite de S en ne onsidérant que les sommets indexés par $\{0,1,\ldots,n\}$ et $p^{(n)}$ est la robabilité sur $B_n(e)$ proportionnelle à $(p_{e(i)})_{i=0}^{n}$.

ous noterons

2.3) $\qquad u_n(S,p;.)$

a mesure stationnaire homogène de $(S_n, p^{(n)})$ donnée au corollaire .4.2.

2.3. Récurrence nulle des structures du type $\mathcal{R}$.

Utilisons les notations mises en place aux sous-paragraphes précédents et commençons par établir le résultat décisif suivant.

Théorème 2.4.

Soit une structure $S \in \mathcal{R}$ dont les sommets sont δ-numérotés par une application $\nu : T \to \mathbb{N}$. Il existe une constante K, indépendante de $p \in P^+$, de $\pi \in E_e^n$ et de $n > N$, telle que

$$u_n(S, p; \pi) \leq K .$$

Démonstration.

Elle se fait, comme celle du théorème 8.3.1, par réductions successives; en conséquence, nous ne nous attarderons pas sur les points qui sont similaires dans les deux démonstrations.

1. Soit $S \in R0$ et $\Phi_0(S) \in R1$ où Φ_0 est l'opérateur de réduction de R0 vers R1 (définition 8.2.1); on sait, d'après la définition 2.2, que S et $\Phi_0(S)$ sont δ-numérotées par la même application $\nu = T \to \mathbb{N}$.

On a, pour tous $p \in P^+$, $\pi \in E_e^n$ et $n > N$,

$$\frac{u_n[S, p; \pi]}{u_n[\Phi_0(S), p; \pi]} = \prod_{i=N}^{n} \frac{Q_i(\pi)}{Q_i^*(\pi)} \leq 1 .$$

Il suffit donc de démontrer le théorème pour les structures de R1.

2. Soit $S \in R1$ possédant m arbrisseaux de Hendricks finis (T_i, γ_i), $1 \leq i \leq m$, et $\Phi_1(S) \in R1^*$ où Φ_1 désigne l'opérateur de réduction de R1 vers R1* (définition 8.2.4).

Alors, pour tous $p \in P^+$, $\pi \in E_e^n$ et $n > N$,

$$u_n[S, p; \pi] \leq K.u_n[\Phi_1(S), p; \pi]$$

où

$$K = \prod_{i=1}^{m} \prod_{t \in T_i} \Big(\sum_{s=t}^{n} p_{e(s)} \Big) / p_{e(t)} \ .$$

[l suffira de démontrer le théorème pour les structures de R1* si ous prouvons d'une part que la δ-numérotation ν de S est égaleent une δ-numérotation de $\Phi_1(S)$, mais ceci provient du fait que, n faisant opérer Φ_1, c'est-à-dire en remplaçant les arbrisseaux 'inis de Hendricks par des marguerites de même racine et de même ardinalité, on ne modifie pas la ρ-distance δ (2.2) des sommets u cycle; d'autre part que la constante K, indépendante de $\pi \in E_e^n$ t de $n > N$, peut être majorée par une constante K' qui, en outre, e dépendra pas de $p \in P^+$: mais, puisque $p \in P^+$,

$$\sum_{s=t}^{n} p_{e(s)} \leq 2 \cdot p_{e(t)}$$

t par suite

$$K \leq 2^{\sum_{i=1}^{m} \mathrm{card} T_i} .$$

3. Soit $S \in R1^*$; puisque, d'après (8.2.4), R1* est la réunion des 1^n, $n \geq 0$, nous allons supposer que $S \in R1^m$, avec $m \geq 1$. Considérons lors $\Phi_2(S) \in R1^{m-1}$ où Φ_2 désigne l'opérateur de réduction de $1^* \setminus R1^0$ vers R1* (définition 8.2.5).

bservons d'abord que la δ-numérotation ν de S est aussi une δ-umérotation de $\Phi_2(S)$: en effet, C désignant le cycle de S, l'opéateur Φ_2 diminuera, pour tout sommet $s \in C$, les distances $|s|$ et (s) d'une unité.

'autre part, puisque $p \in P^+$ implique la décroissance des $p_{e(i)}$, $i \geq 0$, n a, pour tous $p \in P^+$, $\pi \in E_e^n$ et $n > N$,

$$\frac{u_n[\,S\,,\,p\,;\,\pi]}{u_n[\Phi_2(S), p; \pi]} = \prod_{i=0}^{\mathrm{card} C} \frac{p_{\pi(i)}}{p_{e(i)}} \leq 1$$

4. Une récurrence évidente implique qu'il suffit de démontrer le théorème pour les structures de $R1^0$. Mais pour une telle structure on a

$$u_n[S,p;\pi] = \prod_{i=N}^{n} Q_i^*(\pi) .$$

Comme $p \in P^+$ implique la décroissance des $p_{e(i)}$, $i \geq 0$, on a $Q_i^*(\pi) \leq 1$ et par suite $u_n[S,p;\pi] \leq 1$. □

Nous pouvons à présent démontrer le

Théorème 2.5.

Soit une structure $S \in \mathcal{R}$ dont les sommets sont δ-numérotés par une application $\nu : T \to \mathbb{N}$. Si $p \in P^+$ est une probabilité telle que

$$\lim_{n\to\infty} \frac{1}{(n+1)!} \cdot \frac{1}{1-s_n(e)} = \infty ,$$

alors la librairie (S,p) est récurrente.

Démonstration.

Posons, pour $n > N$, $E_e^n = \{ \pi \in E_e \ ; \ \pi(t)=e(t) \quad \forall\, t > n \}$.

Puisque $B_n^*(e) = \sum_{\pi \in E_e^n} [R(e,\pi) \cap B_n^*(e)]$, on en déduit

$$(2.4) \qquad \frac{1}{1-s_n(e)} = \sum_{\pi \in E_e^n} Q[R(e,\pi) \cap B_n^*(e)] .$$

Considérons maintenant e comme un état tabou et introduisons l'ensemble de mots $X \subset B_n^*(e)$ défini par

$$X = \{ x \in B_n^*(e) \ ; \ \forall\, i \leq l(x) \ e * x_1 x_2 \ldots x_i \neq e \} .$$

Posons alors, pour $\pi \in E_e^n$,

$$X_\pi = \{ x \in X \ ; \ e * x = \pi \} .$$

On déduit aisément de (2.4)

2.5) $$\frac{1}{1 - s_n(e)} \leq Q[R(e,e) \cap B_n^*(e)] \, . \sum_{\pi \in E_e^n} Q(X_\pi) \, .$$

i, pour tous les mots $x = x_1 x_2 \ldots x_m \in X_\pi$, on remplace dans $p(x) =$ $p_{x_1} p_{x_2} \ldots p_{x_m}$, p_b par $p_b/s_n(e)$ ($> p_b$), autrement dit si on se place ans le cadre de la librairie finie $(S_n, p^{(n)})$ associée à la chaîne S,p) grâce à la définition 2.3, on <u>majore</u> $Q(X_\pi)$ par une quantité nalogue égale, d'après un résultat élémentaire (Feller,1968,p.410), $u_n(S,p;\pi)$ introduit en (2.3).

n déduit alors de la majoration précédente et du théorème 2.4,

2.6) $$Q[R(e,e) \cap B_n^*(e)] \geq \frac{1}{K} \frac{1}{(n+1)!} \cdot \frac{1}{1 - s_n(e)} \, .$$

e résultat cherché provient du fait que

$$Q(e) = \sum_{n=0}^{\infty} Q_n(e) = \lim_{n \to \infty} Q[R(e,e) \cap B_n^*(e)] \, . \square$$

<u>orollaire 2.6</u>.

oit une structure $S \in \mathcal{R}$ dont les sommets sont δ-numérotés par une pplication $\nu : T \to \mathbb{N}$. Si p est la probabilité sur $e(\mathbb{N})$ définie, pour out entier n, par

$$p_{e(n)} = \frac{1}{(n+1)!} - \frac{1}{(n+2)!} \, ,$$

lors la librairie (S,p) est récurrente nulle.

n conséquence, <u>toute structure $S \in \mathcal{R}$ est récurrente nulle</u>.

<u>émonstration</u>.

l suffit pour montrer que (S,p) est récurrente, d'utiliser le théorème 2.5 et d'observer que $p \in P^+$ puisque

$$\frac{1}{(n+1)!} - \frac{1}{(n+2)!} = p_{e(n)} \geq \sum_{m > n} p_{e(m)} = \frac{1}{(n+2)!} \, ,$$

et que

$$\lim_{n\to\infty} \frac{1}{(n+1)!} \cdot \frac{1}{1 - s_n(e)} = \lim_{n\to\infty} (n+2) = \infty \quad .$$

Comme, de plus,

$$\frac{p_{e(n+1)}}{p_{e(n)}} = \frac{n+2}{(n+1)(n+3)} \sim 1/n,$$

on en déduit que $\sum_{n=0}^{\infty} p_{e(n+1)}/p_{e(n)} = \infty$ et donc, d'après le théorème 8.3.1, (S,p) est récurrente nulle. □

Ouvrons une courte parenthèse sur les librairies infinies de McCabe (e,M_∞^∞,p); bien qu'on ne connaisse pas encore la condition nécessaire et suffisante de transience de ces chaînes, le corollaire précédent, associé aux théorèmes 4.2.3 et 7.2.3 (avec (7.2.5)), permet de donner des exemples de librairies de McCabe récurrente positive, récurrente nulle et transiente.

Exemple 2.7.

+ Si la probabilité p est définie par $p_{e(n)} = \frac{1}{(n+1)!^2} - \frac{1}{(n+2)!^2}$, alors (e,M_∞^∞,p) est récurrente positive.
+ Si la probabilité p est définie par $p_{e(n)} = \frac{1}{(n+1)!} - \frac{1}{(n+2)!}$, alors (e,M_∞^∞,p) est récurrente nulle.
+ Si la probabilité p est définie par $p_{e(n)} = \frac{1}{\sqrt{n+1}} - \frac{1}{\sqrt{n+2}}$, alors (e,M_∞^∞,p) est transiente. □

2.4. Classification des structures mixtes.

Si l'on ajoute, aux résultats énoncés au début de ce paragraphe, le corollaire 2.6, on dispose de tous les éléments permettant de classer les structures mixtes selon qu'elles sont récurrentes positives, récurrentes nulles ou transientes, ces trois types, rappelons-le, n'étant pas incompatibles.

Le tableau suivant rassemble tous ces résultats.

type / structure	récurrent positif	récurrent nul	transient
$\mathcal{R}$	+	+	+
$\mathcal{C} \setminus \mathcal{R}$	−	+	+
$\bar{\mathcal{C}}$	−	−	+

PARTIE IV

QUESTIONS D'OPTIMALITE

Chapitre 10

OPTIMALITE DE LA POLICE DE TRANSPOSITION

Dans cette partie, réduite à un chapitre unique, nous examinons quelques questions d'optimalité dont l'origine se trouve dans les travaux des informaticiens. Précisons tout de suite le cadre dans lequel se situe cette étude:

Nous ne considèrerons que des librairies linéaires, finies, sur $T=[0,n]$, $n\in\mathbb{N}$, de racine $\{0\}$. On sait que ces chaînes sont caractérisées par une police τ (ou l'application correspondante ρ), une probabilité p sur l'ensemble B des livres et un état initial e. Nous supposerons, et c'est là une hypothèse très importante, que p et e sont tels que

(0.1) $$p_{e(0)} \geq p_{e(1)} \geq \cdots \geq p_{e(n)}.$$

On désignera alors par

(0.2) $\mathcal{L}(n)$ l'ensemble des librairies (e,τ,p) sur $T=[0,n]$ ainsi définies

et, plus précisément, pour $n\geq 2$ et $\omega< n-1$, par

(0.3) $\mathcal{L}(\omega,n)$ l'ensemble des chaînes de $\mathcal{L}(n)$ dont la mémoire principale est $[0,\omega]$.

Rappelons que pour certaines chaînes de $\mathcal{L}(n)$, on sait déterminer la mesure stationnaire sous une forme utilisable: c'est le cas des librairies mixtes (e,M^n_ω,p), $0\leq\omega\leq n-1$, des librairies d'Aven, Boguslavsky et Kogan (e,T^n_ω,p), $0\leq\omega\leq n-1$, et des librairies de McCabe munies d'une mémoire principale (e,L^n_ω,p), $0\leq\omega< n-1$, dont la police est caractérisée par une application ρ définie par

$$\rho(t) = \begin{cases} t-1 & \text{si } t > \omega+1 \\ 0 & \text{si } t = \omega+1 \\ t & \text{si } t \leq \omega. \end{cases} \tag{0.4}$$

La fig. 34 illustre la structure (e,L^7_3).

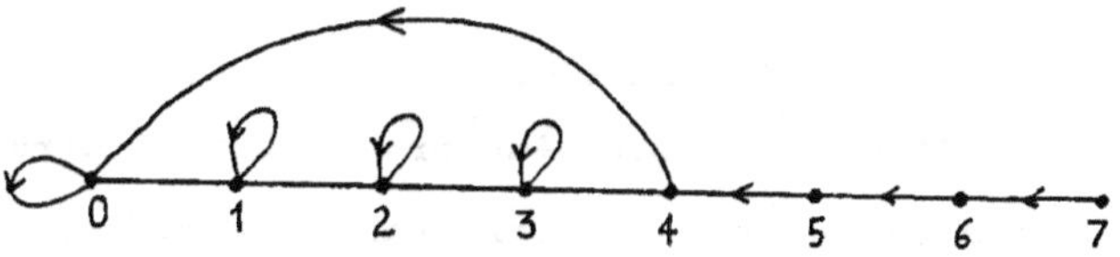

fig. 34

Observons que $M^n_0=T^n_0$ est une police de Tsetlin et que $M^n_{n-1}=L^n_0$ est une police de McCabe (ou de transposition).

Enfin, pour toute librairie $L=(e,\tau,p)\in\mathcal{L}(n)$, on désigne par:

(0.5) $\pi\in E_e\mapsto U_L(\pi)=U(\tau,p;\pi)$ sa <u>distribution stationnaire</u>;

(0.6) $\pi\in E_e\mapsto u_L(\pi)=u(e,\tau,p;\pi)$ sa <u>mesure stationnaire unitaire</u>, i.e. telle que $u_L(e)=1$;

(0.7) $c(\tau,p) = \sum_{\pi\in E_e}\left(\sum_{t=0}^{n} t.p_{\pi(t)}\right)\cdot U_L(\pi)$ son <u>coût moyen de recherche</u>, si on considère que la recherche d'un livre placé en $t\in[0,n]$ coûte t unités.

Rivest (1976) a émis l'intéressante hypothèse suivante: le coût moyen de recherche est <u>minimal</u> pour une police de transposition, i.e. pour tout $(e,\tau,p)\in\mathcal{L}(n)$ $c(L^n_0,p)\leq c(\tau,p)$.

Au paragraphe 1, nous nous efforcerons d'analyser et d'éclairer cette hypothèse, en particulier en montrant l'optimalité de la police de transposition pour des quantités voisines de $c(\tau, p)$, mais d'abord plus simple.

Au paragraphe 2, nous introduirons une nouvelle conjecture, analogue à celle de Rivest, portant, non pas sur les coûts de recherche, mais sur les mesures stationnaires unitaires. Nous montrerons sur des exemples l'étroite similitude existant entre les deux conjectures. L'un des plus intéressants de ces exemples sera étudié en détail au paragraphe 3: on se limite aux librairies $(e,\tau,p) \in \mathcal{L}(n)$ pour lesquelles la probabilité p est "quasi-uniforme", i.e. telle que tous les livres, à l'exception d'un seul, ont même probabilité d'être choisis; on sait que, dans ce cas particulier, Kan et Ross (1980) et Phelps et Thomas (1980) ont montré la validité de la conjecture de Rivest. Pour notre part, nous généraliserons ce résultat en prouvant, d'une part, que la conjecture de Rivest est une conséquence de la conjecture sur les mesures stationnaires unitaires et, d'autre part, la validité de cette dernière conjecture.

1. La conjecture de Rivest.

1.1. Le coût moyen de recherche.

Dans ce paragraphe, on considère $L=(e,\tau,p) \in \mathcal{L}(n)$ de distribution stationnaire $U_L(\pi)$ et on désigne par $(Y_{-n})_{n=0}^{\infty}$ la librairie stationnaire associée à L; le choix (à tout instant) d'un livre est associé à une variable aléatoire X sur l'ensemble des livres B caractérisée par la probabilité p.

Si on admet que, lorsque les livres sont disposés selon $\pi \in E_e$, le coût de la recherche d'un livre $b \in B$ est égal à sa position $\pi^{-1}(b)$, on est amené à introduire la

Définition 1.1.

On appelle coût moyen de recherche d'une librairie $L=(e,\tau,p) \in \mathcal{L}(n)$ le nombre $c(\tau,p)$ défini par $c(\tau,p) = E[Y_0^{-1}(X)]$.

La proposition très simple suivante nous fournit deux expressions de $c(\tau,p)$ qui nous seront utiles par la suite.

Proposition 1.2.

$$c(\tau,p) = \sum_{\pi \in E_e} \left(\sum_{t=0}^{n} t.p_{\pi(t)} \right) .U_L(\pi)$$

$$= \sum_{b \in B} p_b \sum_{a;a\neq b} P[Y_0^{-1}(a) < Y_0^{-1}(b)] .$$

Démonstration.

La première expression de $c(\tau,p)$ résulte du fait que

$$E[Y_0^{-1}(X)] = \sum_{\pi \in E_e} E[\pi^{-1}(X)] .U_L(\pi)$$

et que

$$\sum_{b \in B} \pi^{-1}(b).p_b = \sum_{t=0}^{n} t.p_{\pi(t)}.$$

La deuxième expression de $c(\tau,p)$ provient du fait que

$$E[Y_0^{-1}(X)] = \sum_{b \in B} p_b.E[Y_0^{-1}(b)]$$

et que

$$E[Y_0^{-1}(b)] = \sum_{\pi \in E_e} \pi^{-1}(b).U_L(\pi)$$

$$= \sum_{\pi} \sum_{a;\, \pi^{-1}(a) < \pi^{-1}(b)} U_L(\pi)$$

$$= \sum_{a \neq b} \sum_{\pi;\, \pi^{-1}(a) < \pi^{-1}(b)} U_L(\pi)$$

$$= \sum_{a \neq b} P\left[Y_0^{-1}(a) < Y_0^{-1}(b)\right] . \square$$

Il convient d'observer que le calcul de $c(\tau,p)$ ou, ce qui revient au même, de $P[Y_0^{-1}(a) < Y_0^{-1}(b)]$, est difficile même pour les librairies dont on connaît une "bonne" mesure stationnaire. Nous allons donner deux exemples d'un tel calcul: le premier, très simple, figure dans presque tous les textes relatifs à ces questions; le second, par contre, montre que l'expression de $c(\tau,p)$ se complique très rapidement.

Proposition 1.3.

Soit $L=(e,M_0^n,p) \in \mathcal{L}(n)$ une librairie de Tsetlin et $(Y_n)_{n=0}^{-\infty}$ sa librairie stationnaire associée. Pour tous $a,b \in B$

$$P\left[Y_0^{-1}(a) < Y_0^{-1}(b)\right] = \frac{p_a}{p_a+p_b} .$$

Démonstration.

L'ordre relatif de deux livres ne pouvant être inversé que par la convocation du livre le plus à droite, on a

$$P[Y_0^{-1}(a) < Y_0^{-1}(b)] = (1-p_b)P[Y_0^{-1}(a) < Y_0^{-1}(b)] + p_a P[Y_0^{-1}(b) < Y_0^{-1}(a)]$$

Le résultat provient du fait que

$$P[Y_0^{-1}(a) < Y_0^{-1}(b)] + P[Y_0^{-1}(b) < Y_0^{-1}(a)] = 1. \square$$

Proposition 1.4.

Soit la librairie mixte $L=(e,M_1^n,p) \in \mathcal{L}(n)$ et $(Y_n)_{n=0}^{-\infty}$ sa librairie stationnaire associée. Pour tous $a,b \in B$

$$P[Y_0^{-1}(a) < Y_0^{-1}(b)] = \frac{p_a}{p_a+p_b}\left[1 + \frac{p_b(p_a-p_b)(1-p_a-p_b)}{\sum_{i\neq j} p_i^2 p_j}\right]$$

Démonstration.

L'examen de la police mixte M_1^n montre que

$$P[Y_0^{-1}(a) < Y_0^{-1}(b)] = (1-p_b)P[Y_0^{-1}(a) < Y_0^{-1}(b)=1] + P[Y_0^{-1}(a) < 1 < Y_0^{-1}(b)]$$

$$+(1-p_b)P[1 \leq Y_0^{-1}(a) < Y_0^{-1}(b)] + p_a P[Y_0^{-1}(b) < Y_0^{-1}(a)=1]$$

$$+p_a P[1 \leq Y_0^{-1}(b) < Y_0^{-1}(a)] .$$

Un peu de calcul permet d'en déduire

$$(1.1) \qquad (p_a+p_b)P[Y_0^{-1}(a) < Y_0^{-1}(b)] = p_a + p_b P[Y_0^{-1}(a) < 1 < Y_0^{-1}(b)]$$

$$- p_a P[Y_0^{-1}(b) < 1 < Y_0^{-1}(a)] .$$

Il ne reste plus qu'à évaluer $P[Y_0^{-1}(a) < 1 < Y_0^{-1}(b)]$.

Le corollaire 3.4.2 implique que

$$u(\pi) = p_{\pi(0)}^2 p_{\pi(1)} \cdot \prod_{t=2}^{n} \frac{p_{\pi(t)}}{q_t(\pi)}$$

où $q_t(\pi) = p_{\pi(t)} + p_{\pi(t+1)} + \dots + p_{\pi(n)}$,

est une mesure stationnaire de (e, M_1^n, p).

Si on pose, pour $i, j \in B$,

$$E_{ij} = \{ \pi \in E_e \ ; \ \pi^{-1}(0)=i, \ \pi^{-1}(1)=j \}$$

on déduit de l'identité de Rackusin (3.3.3) que

$$u(E_{ij}) = \sum \{u(\pi) \ ; \ \pi \in E_{ij}\} = p_i^2 p_j$$

et par conséquent

$$(1.2) \qquad P[Y_0^{-1}(a) < 1 < Y_0^{-1}(b)] = \frac{\sum_{c \neq a,b} u(E_{ac})}{\sum_{i \neq j} u(E_{ij})} = \frac{p_a^2(1-p_a-p_b)}{\sum_{i \neq j} p_i^2 p_j} .$$

Il ne reste plus qu'à reporter (1.2) dans (1.1) pour obtenir le résultat cherché. □

Nous allons maintenant donner une <u>nouvelle expression</u> du coût moyen de recherche $c(\tau,p)$. Etant donnée une librairie $L=(e,\tau,p)\in\mathcal{L}(n)$, nous utiliserons les applications $*:E_e x B^* \to E_e$ et $p:B^*\to]0,1[$ introduites en (1.4.4) et (2.2.1).

Cela étant, on pose, pour tout $\pi\in E_e$,

$$(1.3) \qquad c_0(\pi) = c_0^{\tau}(\pi) = \sum_{t=0}^{n} t.p_{\pi(t)} .$$

Si π a été défini à l'aide de la police τ , par exemple si $\pi = e*w$, $w\in B^*$, <u>nous écrirons $c_0^{\tau}(e*w)$ au lieu de $c_0(e*w)$</u> pour éviter toute ambiguïté.

On introduit alors la

<u>Définition 1.5</u>.

Pour tout $k\geq 1$, on appelle <u>approximation d'ordre k</u> de $c(\tau,p)$ le nombre $c_k(e,\tau,p)$ défini par

$$c_k(e,\tau,p) = \sum_{w\in B^k} p(w).c_0^{\tau}(e*w) .$$

On a alors le résultat immédiat suivant.

<u>Proposition 1.6</u>.

$$c(\tau,p) = \lim_{k\to\infty} c_k(e,\tau,p).$$

<u>Démonstration</u>.

Il suffit d'observer que

$$c_k(e,\tau,p) = \sum_{\pi\in E_e} c_0(\pi).P^k_{e,\pi}$$

où $P^k_{e,\pi}$ est la probabilité de passage de e à π en k étapes, que $\lim_{k\to\infty} P^k_{e,\pi} = U_L(\pi)$ et d'utiliser la proposition 1.2. □

1.2. La conjecture de Rivest; optimalité de la police de transposition pour les approximations d'ordre 1 et 2 de $c(\tau,p)$.

Quand on s'intéresse aux coûts moyens de recherche des librairies de $\mathcal{L}(n)$, il est naturel de se demander s'il existe une police τ_0 optimale, i.e. une chaîne $(e,\tau_0,p) \in \mathcal{L}(n)$ pour laquelle $c(\tau,p)$ est minimal. Rivest a émis l'intéressante hypothèse suivante: une telle police optimale τ_0 existe et c'est la police de transposition L_0^n. De façon précise, nous avons la

Conjecture 1.7. (Rivest 1976)
Pour toute librairie $(e,\tau,p) \in \mathcal{L}(n)$ on a

$$c(L_0^n,p) \leq c(\tau,p).$$

Malheureusement, la validité de cette hypothèse n'a été éclairée (pour des probabilités p quelconques) que par un nombre très réduit de résultats: quelques données expérimentales (Lauvergnat 1976) et un théorème simple, dû à Rivest (1976), affirmant que la police de transposition est meilleure que celle de Tsetlin, et dont nous reparlerons au paragraphe 2.
Aussi nous a-t-il semblé intéressant de prouver l'optimalité (au moins parmi toutes les polices τ telles que la librairie (e,τ,p) soit "sans mémoire principale", i.e. telles que $(e,\tau,p) \in \mathcal{L}(0,n)$) de la police de transposition L_0^n pour les approximations d'ordre 1 et 2 de $c(\tau,p)$.

Dans ce qui suit, on se donne une librairie $(e,\tau,p) \in \mathcal{L}(0,n)$ où la police τ est différente de L_0^n et caractérisée par une application ρ.

On pose

(1.4) $\qquad i = \sup\{\, k \leq n \;;\; \rho(k) \leq k-2 \}$,

et on définit une nouvelle librairie $(e,\tilde{\tau},p) \in \mathcal{L}(0,n)$ dont la police $\tilde{\tau}$ est caractérisée par une application $\tilde{\rho}$ telle que

(1.5) $$\tilde{\rho}(t) = \begin{cases} \rho(t) & \text{si} \quad t \neq i \\ \rho(t)+1 & \text{si} \quad t = i. \end{cases}$$

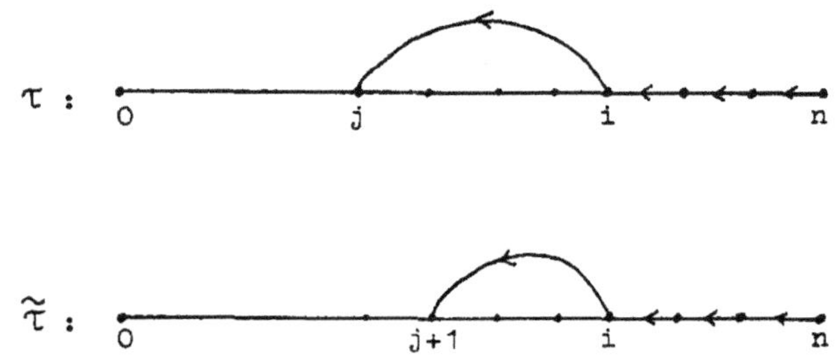

fig. 35

<u>Théorème 1.8</u>.

Soit $(e,\tau,p) \in \mathcal{L}(0,n)$ et $(e,\tilde{\tau},p) \in \mathcal{L}(0,n)$ défini en (1.5); on a

$$c_1(e,\tilde{\tau},p) \leq c_1(e,\tau,p)$$

et par conséquent, pour tout $(e,\tau,p) \in \mathcal{L}(0,n)$,

$$c_1(e,L_0^n,p) \leq c_1(e,\tau,p).$$

<u>Démonstration</u>.

On déduit de (1.4),(1.5) et de la définition (1.3) de c_0^τ que, pour tout $b \neq e(i)$,

$$c_0^\tau(e*b) = c_0^{\tilde{\tau}}(e*b).$$

Par conséquent

$$c_1(e,\tau,p) - c_1(e,\tilde{\tau},p) = p_{e(i)}\cdot\left\{c_0^\tau[e*e(i)] - c_0^{\tilde{\tau}}[e*e(i)]\right\}.$$

Il suffit donc de prouver

(1.6) $$c_0^{\tau}[e*e(i)] - c_0^{\tilde{\tau}}[e*e(i)] \geq 0.$$

Mais un calcul trivial montre que le premier membre de (1.6) vaut $p_{e\circ\rho(i)} - p_{e(i)}$, quantité positive en raison de (0.1) et du fait que $\rho(i) < i$. □

Théorème 1.9.

Soit $(e,\tau,p) \in \mathcal{L}(0,n)$ et $(e,\tilde{\tau},p) \in \mathcal{L}(0,n)$ défini en (1.5); on a

$$c_2(e,\tilde{\tau},p) \leq c_2(e,\tau,p)$$

et par conséquent, pour tout $(e,\tau,p) \in \mathcal{L}(0,n)$,

$$c_2(e,L_0^n,p) \leq c_2(e,\tau,p).$$

Démonstration.

Pour tout $w \in B^2$, on pose

$$\Delta(w) = c_0^{\tau}(e*w) - c_0^{\tilde{\tau}}(e*w).$$

Il nous faut considérer différents cas.

1. $w = b_1 b_2$ avec $b_1 \neq e(i)$ et $b_2 \neq e*b_1(i)$.

Dans ce cas, on remarque que, d'après (1.5), $e*b_1$ donne la même disposition, que $*$ soit défini à partir de τ ou à partir de $\tilde{\tau}$; ce résultat est également vrai pour $e*w$. Par conséquent,

(1.7) $$\Delta(w) = 0.$$

2. $w = b.e*b(i)$ avec $b \neq e(i)$.

Un peu de calcul montre que, dans ce cas,

(1.8) $$\Delta(w) = p_{e*b[\rho(i)]} - p_{e*b(i)} \cdot$$

a. $e^{-1}(b) > i+1$.

Alors $e*b[\rho(i)] = e\circ\rho(i)$ et $e*b(i) = e(i)$; donc

(1.9) $$\Delta(w) = p_{e\circ\rho(i)} - p_{e(i)} \geq 0$$

puisque $\rho(i) < i$ et qu'on a (0.1).

b. $\underline{e^{-1}(b) = i+1}$.

Alors $e*b[\rho(i)] = e\circ\rho(i)$ et $e*b(i) = e(i+1)$; donc

(1.10) $$\Delta(w) = p_{e\circ\rho(i)} - p_{e(i+1)} \geq 0$$

puisque $\rho(i) < i+1$ et qu'on a (0.1).

c. $\underline{\rho(i) < e^{-1}(b) < i \text{ et } \rho\circ e^{-1}(b) = \rho(i)}$.

Alors $e*b[\rho(i)] = b$ et $e*b(i) = e(i)$; donc

(1.11) $$\Delta(w) = p_b - p_{e(i)} \geq 0$$

puisque $e^{-1}(b) < i$ et qu'on a (0.1).

d. $\underline{\rho(i) \leq e^{-1}(b) < i \text{ et } \rho\circ e^{-1}(b) < \rho(i)}$.

Alors $e*b[\rho(i)] = e[\rho(i)-1]$ et $e*b(i) = e(i)$; donc

(1.12) $$\Delta(w) = p_{e[\rho(i)-1]} - p_{e(i)} \geq 0$$

puisque $\rho(i)-1 < i$ et qu'on a (0.1).

e. $\underline{e^{-1}(b) < \rho(i)}$.

Dans ce cas on a

(1.13) $$e*b[\rho(i)] = e\circ\rho(i),$$

(1.14) $$e*b(i) = e(i),$$

(1.15) $$\Delta(w) = p_{e\circ\rho(i)} - p_{e(i)}.$$

3. $\underline{w = e(i).b}$.

Dans ce cas, on montre sans trop de difficulté que

$\underline{\text{si } e^{-1}(b) \notin \{i-1, i, \rho(i)\}}$, alors

(1.16) $$\Delta(w) = p_{e\circ\rho(i)} - p_{e(i)} \geq 0$$

puisque $\rho(i) < i$ et qu'on a (0.1);

$\underline{\text{si } e^{-1}(b) = i-1}$, alors

(1.17) $$\Delta(w) = 2p_{e\circ\rho(i)} - p_{e(i)} - p_{e(i-1)} \geq 0$$

puisque $\rho(i) < i-1 < i$ et qu'on a (0.1).

Il ne reste plus qu'à examiner le cas où <u>b est égal à e(i) ou eoρ(i)</u>; nous poserons ici

(1.18) $\quad j = \rho(i),\ k = \rho(j)$ et $l = \rho(j+1)$.

Un peu de calcul montre que

$$(1.19) \quad p_{e(i)}\Delta[e(i)e(i)] + p_{e(j)}\Delta[e(i)e(j)] = [p_{e(j)}-p_{e(i)}]\cdot\left\{(l-k)(p_{e(i)}+p_{e(j)}) - \sum_{h=k}^{l-1} p_{e(h)}\right\}.$$

Nous disposons maintenant de tous les éléments pour démontrer le théorème. En utilisant (1.7)-(1.12),(1.14),(1.16) et (1.17), il vient

$$(1.20) \quad c_2(e,\tau,p) - c_2(e,\tilde{\tau},p) \geq p_{e(i)}\cdot\left\{ p_{e(i)}\Delta[e(i)e(i)] + \ldots \right.$$
$$\left. p_{e(j)}\Delta[e(i)e(j)] + \sum_{b;e^{-1}(b)<\rho(i)} p_b\Delta[b.e*b(i)]\right\}.$$

Soit, en utilisant (1.15),(1.18) et (1.19),

$$c_2(e,\tau,p) - c_2(e,\tilde{\tau},p) \geq p_{e(i)}\cdot[p_{e(j)}-p_{e(i)}]\cdot \ldots$$
$$\left\{(l-k)(p_{e(i)}+p_{e(j)}) + \sum_{h=0}^{j-1} p_{e(h)} - \sum_{h=k}^{l-1} p_{e(h)}\right\}.$$

Or $p_{e(j)}-p_{e(i)} \geq 0$ puisque $j < i$ et qu'on a (0.1) et d'autre part, puisque $0 \leq k < l < j$, le dernier facteur du deuxième membre est positif.

Finalement, $c_2(e,\tilde{\tau},p) \leq c_2(e,\tau,p)$. □

Il est très vraisemblable que la police de transposition est optimale pour <u>toute</u> approximation d'ordre k, $k \geq 1$, ce qui impliquerait évidemment la validité de la conjecture de Rivest. Mais l'examen de la démonstration précédente, pour le cas particulier k=2, montre qu'une telle approche de la conjecture requiert une grande dose d'abnégation.

1.3. Coût moyen de recherche généralisé.

Nous gardons ici les notations du sous-paragraphe 1.1. On a introduit, à la définition 1.1, le coût moyen de recherche de $(e,\tau,p) \in \mathcal{L}(n)$, $c(\tau,p) = E[Y_0^{-1}(X)]$. Plus généralement, si on désigne par

(1.21) T_n^+ l'ensemble des fonctions croissantes h de $[0,n]$ dans $\mathbb{N}$,

on définit le coût moyen de recherche généralisé de $(e,\tau,p) \in \mathcal{L}(n)$ par

$$c^h(\tau,p) = E[h \circ Y_0^{-1}(X)] \qquad (h \in T_n^+). \tag{1.22}$$

On constate que $c(\tau,p) = c^\varepsilon(\tau,p)$ où $\varepsilon \in T_n^+$ est l'application identique $\varepsilon(t) = t$; on obtient également d'autres coûts de recherche intéressants en considérant, pour tout $i \in [0,n-1]$, les fonctions $h_i \in T_n^+$ définies par

$$h_i(t) = \begin{cases} 0 & \text{si } 0 \leq t \leq i \\ 1 & \text{si } i < t \leq n. \end{cases} \tag{1.23}$$

On pose alors

$$c^i(\tau,p) = c^{h_i}(\tau,p) \qquad (0 \leq i < n). \tag{1.24}$$

Nous verrons au paragraphe suivant que le coût $c^0(\tau,p)$ se prête à certains calculs.

Revenons au cas général: on peut démontrer, comme à la proposition 1.2, que, $U_L(\pi)$ désignant la distribution stationnaire de la librairie $L=(e,\tau,p) \in \mathcal{L}(n)$,

(1.25) $$c^h(\tau,p) = \sum_{\pi \in E_e} \left(\sum_{t=0}^{n} h(t).p_{\pi(t)} \right) .U_L(\pi) \ .$$

On appelle <u>conjecture de Rivest généralisée</u> l'hypothèse suivante.

<u>Conjecture 1.10</u>.

Pour toute librairie $(e,\tau,p) \in \mathcal{L}(n)$ et <u>tout $h \in T_n^+$</u>, on a

$$c^h(L_0^n,p) \leq c^h(\tau,p) \ .$$

Remarquons que pour étudier la conjecture précédente il suffit de s'intéresser aux coûts $c^i(\tau,p)$, $0 \leq i < n$, définis en (1.24), comme le montre la

<u>Proposition 1.11</u>.

Soient deux librairies de $\mathcal{L}(n)$ (e,τ_1,p) et (e,τ_2,p). Pour tout $h \in T_n^+$, $c^h(\tau_1,p) \leq c^h(\tau_2,p)$ si et seulement si pour tout $i \in [0,n-1]$ $c^i(\tau_1,p) \leq c^i(\tau_2,p)$.

<u>Démonstration</u>.

Il suffit d'observer que, d'après (1.25),

$$c^h(\tau,p) = h(0) + \sum_{i=0}^{n-1} [\,h(i+1)-h(i)\,].c^i(\tau,p)$$

et que $h \in T_n^+$ est une fonction croissante. □

2. <u>Une conjecture analogue à celle de Rivest</u>.

Nous allons introduire une nouvelle conjecture, analogue à celle de Rivest en ce sens qu'elle affirme également l'optimalité des polices de transposition L_0^n, mais portant sur les mesures stationnaires unitaires.

Conjecture 2.1.

Soit $u(e,\tau,p;\pi)$ la mesure stationnaire unitaire de la librairie $(e,\tau,p) \in \mathcal{L}(n)$ définie en (0.6). Pour tout $(e,\tau,p) \in \mathcal{L}(n)$, on a

$$\forall \pi \in E_e \qquad u(e,L_0^n,p;\pi) \leq u(e,\tau,p;\pi) .$$

Dans la suite de ce paragraphe, nous allons montrer quelques similitudes existant entre les conjectures de Rivest relatives aux coûts de recherche $c(\tau,p)$ et $c^0(\tau,p)$ défini en (1.24) et la conjecture 2.1.

2.1. Trois théorèmes analogues.

Les trois théorèmes suivants, de forme très voisine, permettent de comparer les coûts moyens de recherche $c(\tau,p)$ ou $c^0(\tau,p)$ (resp. les mesures stationnaires unitaires) de deux librairies de $\mathcal{L}(n)$ (e,τ_1,p) et (e,τ_2,p); remarquons que e et p sont identiques pour les deux chaînes.

Dans ce qui suit, $u(e,\tau,p;\pi)$ désigne la mesure stationnaire unitaire de la librairie $(e,\tau,p) \in \mathcal{L}(n)$ dont l'ensemble des livres est B. Pour deux éléments a et b de B tels que

$$(2.1) \qquad e^{-1}(a) < e^{-1}(b),$$

on désigne par

$$(2.2) \qquad A = \{ \pi \in E_e \ ; \quad \pi^{-1}(b) < \pi^{-1}(a)\} ,$$

(2.3) $\qquad \gamma$ la transposition de a et b.

Observons que, bien que, en fait, A et γ dépendent de a et b, nous n'attribuons pas d'indices à A et γ afin de ne pas alourdir les notations.

Nous sommes à présent en mesure d'énoncer les trois théorèmes homologues suivants.

Théorème 2.2. (Hendricks, 1976)

Soient deux librairies de $\mathcal{L}(n)$ (e,τ_1,p) et (e,τ_2,p); si, pour tous $a,b \in B$ vérifiant (2.1) on a

$$\frac{\sum_{\pi\in A} u(e,\tau_1,p;\pi)}{\sum_{\pi\in A} u(e,\tau_1,p;\gamma\pi)} \leq \frac{\sum_{\pi\in A} u(e,\tau_2,p;\pi)}{\sum_{\pi\in A} u(e,\tau_2,p;\gamma\pi)}$$

alors

$$c(\tau_1,p) \leq c(\tau_2,p).$$

Démonstration.

Soit P_τ la probabilité attachée à la librairie stationnaire $(Y_n)_{n=0}^{-\infty}$ associée à $(e,\tau,p)\in\mathcal{L}(n)$; il est clair que

$$\frac{\sum_{\pi\in A} u(e,\tau,p;\pi)}{\sum_{\pi\in A} u(e,\tau,p;\gamma\pi)} = \frac{P_\tau[Y_0^{-1}(b) < Y_0^{-1}(a)]}{P_\tau[Y_0^{-1}(a) < Y_0^{-1}(b)]} .$$

Par conséquent, puisque $P_\tau[Y_0^{-1}(a) < Y_0^{-1}(b)] + P_\tau[Y_0^{-1}(b) < Y_0^{-1}(a)] = 1$, l'hypothèse du théorème est équivalente à

$$(2.4) \qquad P_{\tau_1}[Y_0^{-1}(b) < Y_0^{-1}(a)] \leq P_{\tau_2}[Y_0^{-1}(b) < Y_0^{-1}(a)],$$

pour tous a et b vérifiant (2.1).

Mais, d'après la proposition 1.2,

$$c(\tau,p) = \sum_{t=0}^{n} p_{e(t)} \cdot \left(\sum_{s=t+1}^{n} P_\tau[Y_0^{-1}(e(s)) < Y_0^{-1}(e(t))] + \ldots \right.$$
$$\left. \sum_{s=0}^{t-1} \left\{ 1 - P_\tau[Y_0^{-1}(e(t)) < Y_0^{-1}(e(s))] \right\} \right)$$

soit

$$c(\tau,p) = c_0(e) + \sum_{0\leq t<s\leq n} [p_{e(t)}-p_{e(s)}] \cdot P_\tau[Y_0^{-1}(e(s))<Y_0^{-1}(e(t))]$$

Le résultat cherché provient alors de (0.1) et de (2.4). □

Théorème 2.3.

Soient deux librairies de $\mathcal{L}(n)$ (e,τ_1,p) et (e,τ_2,p); si, pour tous $a,b \in B$ vérifiant (2.1) on pose $A_0 = \{\pi \in E_e \; ; \; \pi^{-1}(b)=0\} \subset A$ et si on a

$$\frac{\sum_{\pi\in A_0} u(e,\tau_1,p;\pi)}{\sum_{\pi\in A_0} u(e,\tau_1,p;\gamma\pi)} \leq \frac{\sum_{\pi\in A_0} u(e,\tau_2,p;\pi)}{\sum_{\pi\in A_0} u(e,\tau_2,p;\gamma\pi)}$$

alors

$$c^0(\tau_1,p) \leq c^0(\tau_2,p) \; .$$

Démonstration.

Posons, pour tout $i \in [0,n]$, $E_i = \{\pi \in E_e \; ; \; \pi(0) = e(i)\}$ et

$$u(e,\tau,p;E_i) = \sum_{\pi\in E_i} u(e,\tau,p;\pi).$$

Notre hypothèse implique, en considérant dans la somme ci-dessous les termes pour lesquels $i=j$ puis, lorsque $i\neq j$, en groupant les deux termes d'indices ij et ji,

$$\sum_{i,j} u(e,\tau_2,p;E_i)u(e,\tau_1,p;E_j)[p_{e(i)}-p_{e(j)}] \leq 0$$

c'est-à-dire

$$\sum_{\pi,\pi'} u(e,\tau_2,p;\pi)u(e,\tau_1,p;\pi')[p_{\pi(0)}-p_{\pi'(0)}] \leq 0$$

ou encore

$$\frac{\sum_{\pi\in E_e} p_{\pi(0)}u(e,\tau_2,p;\pi)}{\sum_{\pi\in E_e} u(e,\tau_2,p;\pi)} \leq \frac{\sum_{\pi\in E_e} p_{\pi(0)}u(e,\tau_1,p;\pi)}{\sum_{\pi\in E_e} u(e,\tau_1,p;\pi)}$$

ce qui équivaut, en tenant compte de (1.24) et (1.25) à

$$c^0(\tau_1,p) \leq c^0(\tau_2,p) \ . \ \square$$

Théorème 2.4.

Soient deux librairies de $\mathcal{L}(n)$ (e,τ_1,p) et (e,τ_2,p); si, pour tous a,b $\in$ B vérifiant (2.1), on a

$$\forall \pi \in A \quad \frac{u(e,\tau_1,p;\pi)}{u(e,\tau_1,p;\gamma\pi)} \leq \frac{u(e,\tau_2,p;\pi)}{u(e,\tau_2,p;\gamma\pi)}$$

alors

$$\forall \pi \in E_e \quad u(e,\tau_1,p;\pi) \leq u(e,\tau_2,p;\pi) \ .$$

Démonstration.

Soit $\pi \in E_e$; on définit par récurrence la suite d'éléments de E_e $(\pi_i)_{i=0}^{n}$ et la suite d'applications de B dans B $(\gamma_i^\pi)_{i=0}^{n-1}$ comme suit:

$$(2.5) \quad \begin{cases} \pi_0 = \pi \\ \pi_{i+1} = \gamma_i^\pi \circ \pi_i \quad (0 \leq i \leq n-1) \\ \gamma_i^\pi = \begin{cases} \text{transposition de } \pi_i(i) \text{ et de } e(i) \text{ si } \pi_i(i) \\ \text{est différent de } e(i) \\ \text{identité si } \pi_i(i) = e(i). \end{cases} \end{cases}$$

Il est facile de voir que

$$(2.6) \quad \forall i \in [1,n] \quad \pi_i(j) = e(j) \quad (0 \leq j \leq i-1).$$

Donc en particulier

$$(2.7) \quad \pi_n = e \ .$$

Cela étant, soit $i \in [1,n]$; si $\pi_{i-1}(i-1) = e(i-1)$, on déduit de (2.5) que $\pi_i = \pi_{i-1}$ et par suite

$$(2.8) \quad \frac{u(e,\tau_1,p;\pi_{i-1})}{u(e,\tau_1,p;\pi_i)} = \frac{u(e,\tau_2,p;\pi_{i-1})}{u(e,\tau_2,p;\pi_i)} = 1 \ .$$

Si $\pi_{i-1}(i-1) \neq e(i-1)$, on déduit de (2.6) que

$$e^{-1} o \pi_{i-1}(i-1) > i-1$$

et que π_{i-1} appartient à l'ensemble A défini en (2.2) associé aux livres $a=e(i-1)$ et $b=\pi_{i-1}(i-1)$.

Puisque, d'après (2.5), $\pi_i = \gamma^{\pi}_{i-1} o \pi_{i-1}$ où γ^{π}_{i-1} est la transposition de a et b, on déduit de l'hypothèse du théorème que

$$(2.9) \qquad \frac{u(e,\tau_1,p;\pi_{i-1})}{u(e,\tau_1,p;\pi_i)} \leq \frac{u(e,\tau_2,p;\pi_{i-1})}{u(e,\tau_2,p;\pi_i)} .$$

Puisque u est une mesure stationnaire unitaire et que, d'après (2.7), $\pi_n = e$, on a

$$u(e,\tau,p;\pi) = \prod_{i=1}^{n} \frac{u(e,\tau,p;\pi_{i-1})}{u(e,\tau,p;\pi_i)}$$

et le résultat cherché provient de (2.8) et (2.9). □

2.2. <u>Etude des librairies (e,T^n_ω,p)</u>.

Nous considérons ici <u>les librairies $(e,T^n_\omega,p) \in \mathcal{L}(n)$, $0 \leq \omega < n-1$</u> ; nous allons montrer qu'on peut échelonner d'une manière <u>similaire</u> les coûts de recherche $c^0(T^n_\omega,p)$ et $c(T^n_\omega,p)$ et les mesures stationnaires unitaires $u(e,T^n_\omega,p;.)$, les deux derniers résultats étant tirés de (Dies,1982b).

Commençons par le résultat le plus simple à établir.

<u>Proposition 2.5</u>.

Pour tous ω, $0 \leq \omega \leq n-3$, e et p tels que $(e,T^n_\omega,p) \in \mathcal{L}(n)$, on a

$$\forall \pi \in E_e \quad u(e,T^n_\omega,p;\pi) \leq u(e,T^n_{\omega+1},p;\pi) .$$

Démonstration.

On déduit du corollaire 3.3.6 que, pour tout $\pi \in E_e$ et tout ω dans $[0,n-3]$, $u(e,T_\omega^n,p;\pi) \leq u(e,T_{\omega+1}^n,p;\pi)$ est équivalent à

$$p_{e(\omega+1)}+p_{e(\omega+2)}+\dots+p_{e(n)} \leq p_{\pi(\omega+1)}+p_{\pi(\omega+2)}+\dots+p_{\pi(n)}$$

et ceci est évident puisque, d'après (0.1), les $p_{e(i)}$, $\omega+1 \leq i \leq n$, sont les $n-\omega$ plus petits nombres p_b, $b \in B$. □

L'échelonnement analogue des coûts de recherche $c^0(T_\omega^n,p)$ et $c(T_\omega^n,p)$ nécessite l'établissement du résultat préliminaire suivant.

Lemme 2.6.

Soit $a,b \in B$; si on pose $S_0^{ab}=0$, $S_1^{ab}=1$ et pour $1 \leq \omega \leq n-3$

(2.10) $$S_\omega^{ab} = \sum\left\{p_{b_1}p_{b_2}\dots p_{b_{\omega-1}}\,;\ b_i \in [0,n]\setminus\{a,b\} \text{ et } e^{-1}(b_i)<e^{-1}(b_{i+1})\right\}$$

on a

$$S_\omega^{ab}.S_{\omega+2}^{ab} \leq (S_{\omega+1}^{ab})^2 .$$

Démonstration.

On considère que $S_\omega^{ab} = \sum p(w)$ où la sommation est prise sur l'ensemble $S(\omega)$ des mots $w=b_1b_2\dots b_{\omega-1} \in [B\setminus\{a,b\}]^{\omega-1}$ tels que $e^{-1}(b_i) < e^{-1}(b_{i+1})$.

Soit alors $w_1 \in S(\omega)$ et $w_2 \in S(\omega+2)$; w_1 et w_2 ont k lettres communes, $0 \leq k \leq \omega$, et $p(w_1)p(w_2)$ s'écrit

$$p_{a_1}^2 p_{a_2}^2 \dots p_{a_k}^2 . p_{c_1}p_{c_2}\dots p_{c_{2\omega-2k+2}}$$

où $e^{-1}(c_i) < e^{-1}(c_{i+1})$.

Le résultat cherché provient du fait que le nombre $\binom{2\omega-2k+2}{\omega-k}$ de couples x_1,x_2, $x_1 \in S(\omega)$, $x_2 \in S(\omega+2)$, tels que $p(x_1)p(x_2)=p(w_1)p(w_2)$ est inférieur au nombre $\binom{2\omega-2k+2}{\omega-k+1}$ de couples y_1,y_2, $y_1 \in S(\omega+1)$,

$y_2 \in S(\omega+1)$, tels que $p(y_1)p(y_2)=p(w_1)p(w_2)$. $\square$

Nous sommes à présent en mesure de démontrer les deux résultats annoncés.

<u>Théorème 2.7</u>.

Pour tous ω, $0 \leq \omega \leq n-3$, e et p tels que $(e, T_\omega^n, p) \in \mathcal{L}(n)$, on a

$$c^0(T_\omega^n, p) \leq c^0(T_{\omega+1}^n, p) .$$

<u>Démonstration</u>.

Si on pose, pour $a \in B$, $S_0^a=1$ et, pour $\omega > 1$,

$$S_\omega^a = \sum \{ p_{b_1} p_{b_2} \dots p_{b_\omega} \ ; \ b_i \neq a \text{ et } e^{-1}(b_i) < e^{-1}(b_{i+1}) \},$$

$$E_a = \{ \pi \in E_e \ ; \ \pi(0)=a \} ,$$

$$u_\omega(E_a) = \sum_{\pi \in E_a} u(e, T_\omega^n, p; \pi)$$

on déduit de (4.3.3) que

$$\frac{u_\omega(E_b)}{u_\omega(E_a)} = \frac{p_b}{p_a} \cdot \frac{S_\omega^b}{S_\omega^a} \tag{2.11}$$

et donc, d'après le théorème 2.3, il suffit de démontrer que, pour tous $a, b \in B$ vérifiant (2.1),

$$\frac{S_\omega^b}{S_\omega^a} \leq \frac{S_{\omega+1}^b}{S_{\omega+1}^a} . \tag{2.12}$$

Mais comme, en utilisant (2.10), $S_\omega^a = p_b S_\omega^{ab} + S_{\omega+1}^{ab}$, on en déduit que (2.12) est équivalent à

$$\frac{p_a S_\omega^{ab} + S_{\omega+1}^{ab}}{p_b S_\omega^{ab} + S_{\omega+1}^{ab}} \leq \frac{p_a S_{\omega+1}^{ab} + S_{\omega+2}^{ab}}{p_b S_{\omega+1}^{ab} + S_{\omega+2}^{ab}}$$

c'est-à-dire, après simplification, à

$$(p_a-p_b).\left[S_\omega^{ab}S_{\omega+2}^{ab} - (S_{\omega+1}^{ab})^2\right] \leq 0$$

ce qui est vrai d'après (0.1) et le lemme 2.6. □

Théorème 2.8.

Pour tous ω, $0 \leq \omega \leq n-3$, e et p tels que $(e,T_\omega^n,p) \in \mathcal{L}(n)$, on a

$$c(T_\omega^n,p) \leq c(T_{\omega+1}^n,p) .$$

Démonstration.

Soit P_ω la probabilité attachée à la librairie stationnaire $(Y_n)_{n=0}^{-\infty}$ associée à $(e,T_\omega^n,p) \in \mathcal{L}(n)$. D'après le théorème 2.2 et (2.4), il suffit de prouver que, pour tous $a,b \in B$ vérifiant (2.1), on a

(2.13) $$\frac{P_\omega[Y_0^{-1}(b)<Y_0^{-1}(a)]}{P_\omega[Y_0^{-1}(a)<Y_0^{-1}(b)]} \leq \frac{P_{\omega+1}[Y_0^{-1}(b)<Y_0^{-1}(a)]}{P_{\omega+1}[Y_0^{-1}(a)<Y_0^{-1}(b)]}.$$

Dans un premier temps nous allons montrer que (2.13) peut prendre une forme plus simple.

Posons

$$\lambda_\omega(a,b) = P_\omega[Y_0^{-1}(a)<Y_0^{-1}(b);Y_0^{-1}(b) \leq \omega]$$

et

$$Q_\omega(a,b) = P_\omega[Y_0^{-1}(a)<Y_0^{-1}(b);Y_0^{-1}(b) > \omega].$$

L'examen de la police T_ω^n montre que

$$P_\omega[Y_0^{-1}(a)<Y_0^{-1}(b)] = \lambda_\omega(a,b) + (1-p_b)Q_\omega(a,b) + p_aQ_\omega(b,a)$$

d'où, si on remarque que

$$P_\omega[Y_0^{-1}(a)<Y_0^{-1}(b)] = \lambda_\omega(a,b) + Q_\omega(a,b),$$

il suit la relation

(2.14) $$p_b.Q_\omega(a,b) = p_a.Q_\omega(b,a).$$

D'autre part, la distribution stationnaire (4.3.3) étant la même pour deux permutations qui ne diffèrent qu'en mémoire principale, il vient

(2.15) $$\lambda_\omega(a,b) = \lambda_\omega(b,a).$$

En utilisant (2.14) et (2.15), un calcul rapide montre que (2.13) est équivalent à

(2.16) $$\lambda_\omega(a,b).[Q_{\omega+1}(b,a)-Q_{\omega+1}(a,b)] \geq \lambda_{\omega+1}(a,b).[Q_\omega(b,a)-Q_\omega(a,b)].$$

Or, comme

$$P_\omega[Y_0^{-1}(a)<Y_0^{-1}(b)] + P_\omega[Y_0^{-1}(b)<Y_0^{-1}(a)] = 1,$$

on a

$$Q_\omega(a,b) + Q_\omega(b,a) = 1 - 2\lambda_\omega(a,b)$$

et donc, d'après (2.14),

$$Q_\omega(b,a)-Q_\omega(a,b) = \frac{p_b-p_a}{p_b+p_a}.[1 - 2\lambda_\omega(a,b)],$$

les deux termes de cette inégalité étant ≤ 0 puisque, par hypothèse, $p_a \geq p_b$; il est alors facile de déduire de (2.16) que (2.13) est équivalent à

(2.17) $$\lambda_\omega(a,b) \leq \lambda_{\omega+1}(a,b) .$$

Nous allons, dans un deuxième temps, démontrer l'inégalité (2.17) et, pour ce faire, nous allons d'abord évaluer $\lambda_\omega(a,b)$. En utilisant la distribution stationnaire (4.3.3) et l'identité de Rackusin (3.3.3), on montre que, si on pose

$$\widetilde{B}_\omega = \sum\{p_{b_0}p_{b_1}\cdots p_{b_\omega} \; ; \; b_i\in[0,n] \text{ et } e^{-1}(b_i)<e^{-1}(b_{i+1})\},$$

alors, S_ω^{ab} ayant été défini en (2.10), on a

(2.18) $$\lambda_\omega(a,b) = p_a p_b S_\omega^{ab}/2\widetilde{B}_\omega .$$

Notons qu'il existe une relation simple entre $\widetilde{B}_\omega$ et les S_ω^{ab}; si on considère que $\widetilde{B}_\omega = \sum p(w)$ où la somme est prise sur l'ensemble W des mots $w=b_0b_1\ldots b_\omega \in B^{\omega+1}$ tels que $e^{-1}(b_i) < e^{-1}(b_{i+1})$, alors, si on partitionne W en les mots contenant a et b, a et pas b, b et pas a et ne contenant ni a ni b, il vient

(2.19) $$\widetilde{B}_\omega = p_a p_b S_\omega^{ab} + (p_a+p_b) S_{\omega+1}^{ab} + S_{\omega+2}^{ab} .$$

Il est alors facile de voir que le lemme 2.6 et (2.19) impliquent

$$\widetilde{B}_{\omega+1}/\widetilde{B}_\omega \leq S_{\omega+1}^{ab}/S_\omega^{ab} ,$$

i.e., en utilisant (2.18), l'inégalité cherchée (2.17). □

La proposition 2.5 et les théorèmes 2.7 et 2.8 montrent donc l'analogie existant, pour les librairies $(e,T_\omega^n,p)\in\mathcal{L}(n)$, entre les coûts moyens de recherche $c^O(\tau,p)$ et $c(\tau,p)$ et les mesures stationnaires unitaires. Bien que des résultats similaires soient probablement vrais pour les chaînes (e,L_ω^n,p) et (e,M_ω^n,p), les calculs pour ces dernières librairies s'avèrent, hélas, rapidement inextricables. Toutefois, vue leur importance particulière, nous allons consacrer le sous-paragraphe suivant aux résultats (partiels) relatifs aux librairies mixtes (e,M_ω^n,p).

2.3. Etude des librairies (e,M_ω^n,p).

Dans son étude des librairies mixtes (e,M_ω^n,p), Arnaud a émis l'hypothèse suivante, analogue au théorème 2.8.

Conjecture 2.9. (Arnaud, 1977)

Pour tous ω, $0\leq\omega<n-1$, e et p tels que $(e,M_\omega^n,p)\in\mathcal{L}(n)$, on a

$$c(M_{\omega+1}^n,p) \leq c(M_\omega^n,p) .$$

En essayant de démontrer sa conjecture, Arnaud a réussi à prouver le résultat suivant.

Théorème 2.10.

Pour tous ω, $0 \leq \omega < n$, e et p tels que $(e, M^n_\omega, p) \in \mathcal{L}(n)$, on a

$$c(M^n_\omega, p) \leq c(M^n_0, p) .$$

Ce dernier résultat généralisant un théorème classique de Rivest (1976) affirmant que la police de McCabe $L^n_0 = M^n_{n-1}$ est meilleure que la police de Tsetlin M^n_0, autrement dit que $c(L^n_0, p) \leq c(M^n_0, p)$.

Pour notre part, nous allons maintenant établir une propriété des librairies mixtes généralisant à la fois le théorème d'Arnaud et la proposition 1.3.

Théorème 2.11.

Soit ω, $0 \leq \omega < n$, $(e, M^n_\omega, p) \in \mathcal{L}(n)$, ρ l'application caractérisant la police M^n_ω et $a, b \in B$ vérifiant (2.1). A et γ ayant été introduits en (2.2) et (2.3), on définit comme suit une partition de A:

(2.20) $$A_1 = \{\pi \in E_e \ ; \ \rho \circ \pi^{-1}(a) = \pi^{-1}(b) \text{ ou } \rho \circ \pi^{-1}(b) = \rho \circ \pi^{-1}(a)\}$$

et, pour $\omega > 0$ et $2 \leq k \leq \omega + 1$,

(2.21) $$A_k = \{\pi \in E_e \ ; \ \rho^k \circ \pi^{-1}(a) = \pi^{-1}(b)\} .$$

Alors, $u(e, M^n_\omega, p; .)$ étant la mesure stationnaire unitaire de (e, M^n_ω, p), on a, pour tout k, $1 \leq k \leq \omega + 1$,

(2.22) $$\frac{\sum_{\pi \in A_k} u(e, M^n_\omega, p; \pi)}{\sum_{\pi \in A_k} u(e, M^n_\omega, p; \gamma\pi)} = \left(\frac{p_b}{p_a}\right)^k .$$

Démonstration.

1. Examinons d'abord le cas $\omega > 0$ et $2 \leq k \leq \omega + 1$.

On peut alors partitionner A_k défini en (2.21) sous la forme $A_k = A^1_k + A^2_k$, où

(2.23) $$A^1_k = \{\pi \in A_k \ ; \ 0 \leq \pi^{-1}(b) \leq \omega - k\}$$

(2.24) $\quad A_k^2 = \{\pi \in A_k \;;\; \pi^{-1}(b)=\omega-k+1,\ \omega < \pi^{-1}(a)\}$.

On déduit alors de (3.4.7)

(2.25) $$\forall \pi \in A_k^1 \qquad \frac{u(e, M_\omega^n, p; \pi)}{u(e, M_\omega^n, p; \gamma\pi)} = \left(\frac{p_b}{p_a}\right)^k .$$

D'autre part, en utilisant encore une fois (3.4.7) et l'identité de Rackusin (3.3.3), il vient, en posant

$$\sigma(a,b) = \sum \{p_{b_1} p_{b_2}^2 \cdots p_{b_{k-1}}^{k-1} p_{b_{k+1}}^{k+1} \cdots p_{b_{\omega+1}}^{\omega+1} ; b_i \neq b_j, b_i \notin \{a,b\}\}$$

(2.26) $$\frac{\sum_{\pi \in A_k^2} u(e, M_\omega^n, p; \pi)}{\sum_{\pi \in A_k^2} u(e, M_\omega^n, p; \gamma\pi)} = \frac{p_b^k \cdot \sigma(a,b)}{p_a^k \cdot \sigma(a,b)} = \left(\frac{p_b}{p_a}\right)^k .$$

et (2.22) résulte de (2.25) et (2.26).

2. Pour $\omega=0$, (2.22) est une conséquence de la proposition 1.3.

3. Il ne reste plus qu'à examiner le cas $\omega > 0$ et $k=1$.
On partitionne A_1 défini en (2.20) sous la forme $A_1 = A_1^1 + \sum_{j=\omega}^{n-1} A_1^{2,j}$

où

(2.27) $\quad A_1^1 = \{\pi \in A_1 \;;\; 0 \leq \pi^{-1}(b) \leq \omega-1\}$

(2.28) $\quad A_1^{2,j} = \{\pi \in A_1 \;;\; j=\pi^{-1}(b) < \pi^{-1}(a)\} \qquad (\omega \leq j \leq n-1)$

On montre alors comme pour (2.25) (resp. (2.26)),

(2.29) $$\forall \pi \in A_1^1 \qquad \frac{u(e, M_\omega^n, p; \pi)}{u(e, M_\omega^n, p; \gamma\pi)} = \frac{p_b}{p_a}$$

respectivement, pour tout j, $\omega \leq j \leq n-1$,

(2.30) $$\frac{\sum_{\pi \in A_1^{2,j}} u(e, M_\omega^n, p; \pi)}{\sum_{\pi \in A_1^{2,j}} u(e, M_\omega^n, p; \gamma\pi)} = \frac{p_b}{p_a} .$$

D'où l'on déduit le résultat cherché. □

Indiquons rapidement pourquoi le théorème 2.11 implique le théorème 2.10: puisque $a, b \in B$ vérifient (2.1), on déduit de (0.1) que, pour tout $k \geq 1$, $(p_b/p_a)^k \leq p_b/p_a$, et, par conséquent, puisque les A_k, $1 \leq k \leq \omega+1$, constituent une partition de A, il résulte de (2.22) que

$$\frac{\sum_{\pi \in A} u(e,M_\omega^n,p;\pi)}{\sum_{\pi \in A} u(e,M_\omega^n,p;\gamma\pi)} \leq \frac{p_b}{p_a} = \frac{\sum_{\pi \in A} u(e,M_0^n,p;\pi)}{\sum_{\pi \in A} u(e,M_0^n,p;\gamma\pi)} .$$

Ce qui, en utilisant le théorème 2.2, implique le théorème d'Arnaud.

Examinons maintenant les mesures stationnaires unitaires des librairies mixtes; on a démontré (Dies, 1981) que l'analogue de la conjecture d'Arnaud (et de la proposition 2.5) était vrai. Nous proposons ici une nouvelle démonstration, sensiblement plus simple, de ce résultat.

Théorème 2.12.

Pour tous ω, $0 \leq \omega < n-1$, e et p tels que $(e,M_\omega^n,p) \in \mathcal{L}(n)$, on a

$$\forall \pi \notin E_e \qquad u(e,M_{\omega+1}^n,p;\pi) \leq u(e,M_\omega^n,p;\pi) .$$

Démonstration.

Soient $a, b \in B$ vérifiant (2.1); A et γ ont été définis en (2.2) et (2.3). On se donne $(e,M_\omega^n,p) \in \mathcal{L}(n)$ et $\pi \in A$.

En utilisant la formule (3.4.7), on a

+ Si $0 \leq i = \pi^{-1}(b) < j = \pi^{-1}(a) \leq \omega$,

$$(2.31) \qquad \frac{u(e,M_\omega^n,p;\pi)}{u(e,M_\omega^n,p;\gamma\pi)} = \left(\frac{p_b}{p_a}\right)^{j-i} .$$

+ Si $0 \leq i = \pi^{-1}(b) \leq \omega < j = \pi^{-1}(a)$ et si on pose, pour tout $k > \omega$,

$$\sigma_k = \sum_{h=k}^{n} p_{\pi(h)} - p_{\pi(j)},$$

on a

(2.32) $$\frac{u(e,M^n_\omega,p;\pi)}{u(e,M^n_\omega,p;\gamma\pi)} = \left(\frac{p_b}{p_a}\right)^{\omega-i} \cdot \prod_{k=\omega+1}^{j} \frac{p_b+\sigma_k}{p_a+\sigma_k} .$$

- Enfin, si $\omega \leq i = \pi^{-1}(b) < j = \pi^{-1}(a)$, σ_k ayant été défini plus haut,

(2.33) $$\frac{u(e,M^n_\omega,p;\pi)}{u(e,M^n_\omega,p;\gamma\pi)} = \prod_{k=i+1}^{j} \frac{p_b+\sigma_k}{p_a+\sigma_k} .$$

Nous pouvons à présent comparer les mesures stationnaires unitaires pour deux librairies mixtes (e,M^n_ω,p) et $(e,M^n_{\omega+1},p)$.

- Si $0 \leq i = \pi^{-1}(b) < j = \pi^{-1}(a) \leq \omega < \omega+1$ ou si $\omega+1 \leq i = \pi^{-1}(b) < j = \pi^{-1}(a)$, on déduit de (2.31) ou de (2.33) que

$$\frac{u(e,M^n_{\omega+1},p;\pi)}{u(e,M^n_{\omega+1},p;\gamma\pi)} = \frac{u(e,M^n_\omega,p;\pi)}{u(e,M^n_\omega,p;\gamma\pi)} .$$

- Si $0 \leq i = \pi^{-1}(b) \leq \omega < \omega+1 \leq j = \pi^{-1}(a)$, on déduit de (2.31) et de (2.32) que

$$\frac{u(e,M^n_{\omega+1},p;\pi)}{u(e,M^n_{\omega+1},p;\gamma\pi)} = \frac{p_b}{p_a} \cdot \frac{p_a+\sigma_{\omega+1}}{p_b+\sigma_{\omega+1}} \cdot \frac{u(e,M^n_\omega,p;\pi)}{u(e,M^n_\omega,p;\gamma\pi)} .$$

Donc, puisque, d'après (0.1), $p_b \leq p_a$, on a

$$\frac{p_a+\sigma_{\omega+1}}{p_b+\sigma_{\omega+1}} \leq \frac{p_a}{p_b} ,$$

et par suite

$$\frac{u(e,M^n_{\omega+1},p;\pi)}{u(e,M^n_{\omega+1},p;\gamma\pi)} \leq \frac{u(e,M^n_\omega,p;\pi)}{u(e,M^n_\omega,p;\gamma\pi)} .$$

Cette dernière inégalité est donc vraie pour tout $\pi \in A$ et le résultat cherché provient du théorème 2.4. □

Il convient de noter qu'on peut étendre sans difficulté le théorème précédent au cas limite $n=\infty$, i.e. aux librairies mixtes infinies $(e,M_{\omega}^{\infty},p)$, $\omega \in \overline{\mathbb{N}}$, où, rappelons-le, $(e,M_{\infty}^{\infty},p)$ désigne une librairie de McCabe infinie. De façon précise, nous avons le résultat suivant qui nous a été utile aux paragraphes 4.2 et 8.3 lors de l'étude de la récurrence positive des librairies mixtes.

Théorème 2.13.

Soit $u(e,M_{\omega}^{\infty},p;.):E_e \to R^+$ la mesure stationnaire unitaire de $(e,M_{\omega}^{\infty},p)$, $\omega \in \overline{\mathbb{N}}$, définie en (3.4.7). Si pour tout entier i on a $p_{e(i+1)} \leq p_{e(i)}$ alors l'application de N dans R^+: $\omega \longmapsto u(e,M_{\omega}^{\infty},p;\pi)$ est décroissante.

3. Librairies aux probabilités quasi-uniformes.

Nous allons voir dans ce paragraphe que toutes les questions posées aux paragraphes précédents ont des réponses positives lorsqu'on se limite au cas particulier suivant: on considère des librairies $(e,\tau,p)\in\mathcal{L}(n)$ dont la probabilité p est quasi-uniforme, i.e. telle que tous les livres, à l'exception d'un seul, aient même probabilité d'être choisis.

De façon précise, on introduit la

Définition 3.1.

On désigne par $\mathcal{L}_0(n)$ l'ensemble des librairies $(e,\tau,p)\in\mathcal{L}(n)$ telles que

(3.1) $$p_{e(0)}=\beta \geq \alpha = p_{e(1)}=p_{e(2)}= \dots =p_{e(n)}.$$

$\mathcal{L}(\omega,n)$ ayant été défini, pour $\omega < n-1$, en (0.3), on posera

$$\mathcal{L}_0(\omega,n) = \mathcal{L}(\omega,n) \cap \mathcal{L}_0(n).$$

Puisque pour toute chaîne $(e,\tau,p) \in \mathcal{L}_0(n)$, la police τ est caractérisée par une application $\rho : [0,n] \to [0,n-1]$ et que, d'après (3.1), α étant égal à $(1-\beta)/n$, p est caractérisée par β, nous écrirons tout élément de $\mathcal{L}_0(n)$ sous la forme (e,ρ,β).
En particulier, on désignera par

(3.2) $$(e,\rho_0^n,\beta)$$

une librairie de transposition $(e,L_0^n,p) \in \mathcal{L}_0(n)$.
Il est clair, d'autre part, que l'étude d'une librairie de $\mathcal{L}_0(n)$ se ramène à l'étude d'une chaîne de Markov à seulement n+1 états (et pas (n+1)!) notés x_i, $i \in [0,n]$; l'état x_i correspond aux différentes dispositions pour lesquelles le livre e(0) est placé en i.
En conséquence, <u>nous noterons</u> $u_i(L)=u_i(e,\rho,\beta)$, $i \in [0,n]$, et $U_i(L)= U_i(e,\rho,\beta)$, $i \in [0,n]$, la mesure stationnaire unitaire et la distribution stationnaire de $L=(e,\rho,\beta) \in \mathcal{L}_0(n)$.

Que deviennent les conjectures 1.10 et 2.1 lorsqu'on se limite à $\mathcal{L}_0(n)$? Un calcul trivial montre que, T_n^+ ayant été défini en (1.21), pour tout $h \in T_n^+$ et tout $(e,\rho,\beta) \in \mathcal{L}_0(n)$,

$$c^h(\rho,\beta) = \alpha \sum_{i=1}^{n} h(i) + (\beta-\alpha) \sum_{i=1}^{n} h(i)U_i(e,\rho,\beta),$$

d'où l'on déduit, comme à la proposition 1.11, que, $L_1=(e,\rho_1,\beta)$ et $L_2=(e,\rho_2,\beta)$ étant deux éléments de $\mathcal{L}_0(n)$,

(3.3) $$\forall h \in T_n^+ \quad c^h(\rho_1,\beta) \leq c^h(\rho_2,\beta) \iff \forall\, i \in [1,n] \quad \sum_{k=i}^{n} U_k(L_1) \leq \sum_{k=i}^{n} U_k(L_2) .$$

D'autre part, puisque, pour tous $L \in \mathcal{L}_0(n)$, $i \in [0,n-1]$ et $j > i$,

$$\frac{u_j(L)}{u_i(L)} = \frac{u_j(L)}{u_{j-1}(L)} \cdot \frac{u_{j-1}(L)}{u_{j-2}(L)} \cdot \ldots \cdot \frac{u_{i+1}(L)}{u_i(L)} ,$$

on déduit du théorème 2.4 que, L_1 et L_2 étant deux éléments de $\mathcal{L}_0(n)$ ne différant que par leur police,

$$(3.4) \qquad \forall i \in [0,n-1] \quad \frac{u_{i+1}(L_1)}{u_i(L_1)} \leq \frac{u_{i+1}(L_2)}{u_i(L_2)} \Rightarrow \forall i \in [0,n] \quad u_i(L_1) \leq u_i(L_2).$$

$(e,\rho_0^n,\beta) \in \mathcal{L}_0(n)$ ayant été défini en (3.2), et puisque, pour tout $i \in [0,n-1]$,

$$\frac{u_{i+1}(e,\rho_0^n,\beta)}{u_i(e,\rho_0^n,\beta)} = \alpha/\beta ,$$

(3.3) montre en particulier que la conjecture 2.1 sera démontrée sur $\mathcal{L}_0(n)$ si, pour toute chaîne $(e,\rho,\beta) \in \mathcal{L}_0(n)$ et tout $i \in [0,n-1]$, on a

$$(3.5) \qquad \frac{u_{i+1}(e,\rho,\beta)}{u_i(e,\rho,\beta)} \geq \alpha/\beta .$$

Les résultats (3.3),(3.4) et (3.5) que nous venons d'établir nous permettent d'aborder les conjectures 1.10 et 2.1, <u>lorsqu'on se limite à</u> $\mathcal{L}_0(n)$; rappelons d'abord que Kan et Ross (1980) et Phelps et Thomas (1980) ont démontré, indépendamment et de manière différente, l'exactitude de la conjecture de Rivest généralisée 1.10. Pour notre part, nous allons <u>généraliser ce résultat</u> en prouvant, à la proposition 3.2, que la conjecture 1.10 n'est, comme la conjecture 2.1, qu'une conséquence de (3.5) dont on prouvera l'exactitude au théorème 3.3. Nous aurons ainsi <u>montré la validité des deux conjectures</u> considérées.

Proposition 3.2.

Soient $L_1=(e,\rho_1,\beta)$ et $L_2=(e,\rho_2,\beta)$ deux éléments de $\mathcal{L}_0(n)$.

Si, pour tout $i \in [0,n-1]$, on a

$$\frac{u_{i+1}(L_1)}{u_i(L_1)} \leq \frac{u_{i+1}(L_2)}{u_i(L_2)}$$

alors, pour tout $h \in T_n^+$,

$$c^h(\rho_1,\beta) \leq c^h(\rho_2,\beta) .$$

Démonstration.

On a déjà vu que l'hypothèse considérée implique, pour tous $i \in [0,n-1]$ et $j > i$,

$$\frac{u_j(L_1)}{u_i(L_1)} \leq \frac{u_j(L_2)}{u_i(L_2)} .$$

Par conséquent, puisque $x \mapsto x/(1+x)$ est croissante et en posant, pour $i \in [0,n]$, $R_i(L) = \sum_{j=i}^{n} u_j(L)$, il vient

$$\frac{R_{i+1}(L_1)}{R_i(L_1)} \leq \frac{R_{i+1}(L_2)}{R_i(L_2)} \qquad (0 \leq i < n)$$

et le résultat cherché est établi si on tient compte de (3.3) et du fait que

$$\sum_{j=i+1}^{n} U_j(L) = \frac{R_{i+1}(L)}{R_0(L)} = \prod_{k=0}^{i} \frac{R_{k+1}(L)}{R_k(L)} . \qquad \square$$

Il ne nous reste donc plus qu'à montrer (3.5); nous avons en fait le résultat plus précis suivant.

Théorème 3.3.

Soit $L=(e,\rho,\beta) \in \mathcal{L}_0(n)$. Alors

$$\forall\, i \in [0,n-1] \qquad \alpha/\beta \leq \frac{u_{i+1}(L)}{u_i(L)} \leq 1 .$$

Démonstration.

On procède par récurrence; pour n=1, soit L le seul élément de $\mathcal{L}_0(1)$; on a évidemment $\alpha/\beta = u_1(L)$ et $1 = u_0(L)$.

Supposons que le théorème soit vrai pour n-1.

1. Associons à $L=(e,\rho,\beta)\in\mathcal{L}_0(n)$ la librairie $\hat{L}=(e,\hat{\rho},\lambda\beta)\in\mathcal{L}_0(n-1)$ où $\underline{1/\lambda = \beta + (n-1)\alpha}$ et $\hat{\rho}$ est définie à partir de ρ par:

$$\forall\, t\in[0,n-1] \qquad \hat{\rho}(t) = [\rho(t+1)-1]^+.$$

La fig. 36 illustre le passage de ρ à $\hat{\rho}$.

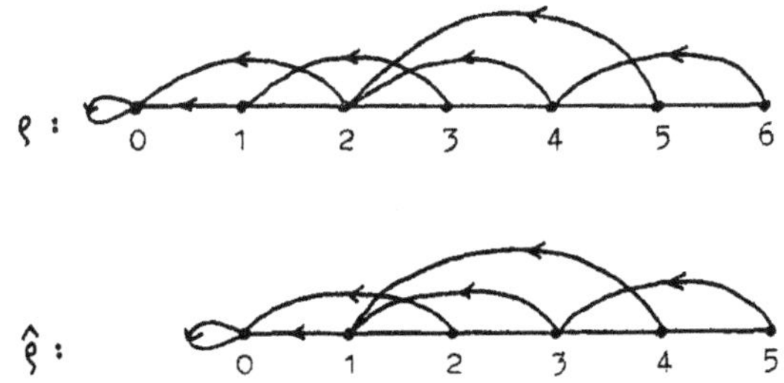

fig. 36

Désignons alors par $(P(i,j))_{i,j=0}^{n}$ la matrice de passage de L. On écrira, pour $i\neq j$, $P(i,j)$ sous la forme $r\alpha + s\beta$ avec $r,s\in\mathbb{N}$ et $P(i,i) = 1 - \sum_{j\neq i} P(i,j)$.

Soit $(\hat{P}(i,j))_{i,j=0}^{n-1}$ la matrice de passage de $\hat{L}$. On voit sans trop de difficulté que

$$\forall\, i\in[0,n-1] \quad \forall\, j\in[1,n-1] \quad i\neq j:\ \hat{P}(i,j) = \lambda P(i+1,j+1)\ ,$$

$$\forall\, i\in[1,n-1]:\ \hat{P}(i,i) = 1 - \lambda \sum_{j\neq i+1} P(i+1,j).$$

Par conséquent, après simplification par λ,

$$\forall\, i\in[1,n-1] \qquad \Big[\sum_{j\neq i+1} P(i+1,j)\Big].u_i(\hat{L}) = \sum_{\substack{j\neq i\\ j\in[0,n-1]}} P(j+1,i+1)u_j(\hat{L}).$$

Comme $\forall\, k\geq 2$, $P(0,k)=0$, on a aussi le système analogue

$$\forall i \in [1,n-1] \qquad \Big[\sum_{j\neq i+1} P(i+1,j)\Big].u_{i+1}(L) = \sum_{\substack{j\neq i\\ j\in[0,n-1]}} P(j+1,i+1)u_{j+1}(L)$$

d'où l'on déduit immédiatement que

$$\forall\, i \in [1,n] \qquad \frac{u_{i+1}(L)}{u_i(L)} = \frac{u_i(\hat{L})}{u_{i-1}(\hat{L})} .$$

D'après l'hypothèse de récurrence, puisque $\hat{L}\in\mathcal{L}_0(n-1)$, on a

(3.6) $$\forall\, i\in[1,n] \qquad \alpha/\beta \leq \frac{u_{i+1}(L)}{u_i(L)} \leq 1 .$$

Il reste donc à prouver que $\alpha/\beta \leq u_1(L) \leq 1$.

2. Soit maintenant $L=(e,\rho,\beta)\in\mathcal{L}_0(\omega,n)$ avec

$$\rho^{-1}(0) = \{0,\omega+1,\ldots,\omega+k\} \quad \text{et} \quad \rho^{-1}(1) = \emptyset$$

cette dernière condition étant automatiquement remplie si $\omega>0$.

Si $\omega=0$, on a

$$u_1(L) = k\alpha u_0(L) + [1-\beta-(k-1)\alpha]u_1(L)$$

donc

$$u_1(L) = \frac{k\alpha}{\beta+(k-1)\alpha} \leq 1.$$

Si $\omega>0$, on a

$$u_1(L) = k\alpha u_0(L) + (1-k\alpha)u_1(L)$$

donc

(3.7) $$\alpha/\beta \leq u_1(L) = 1 .$$

En définitive, dans tous les cas, nous avons

(3.8) $$L=(e,\rho,\beta)\in\mathcal{L}_0(n) \text{ et } \rho^{-1}(1)=\emptyset \quad\Rightarrow\quad u_1(L)\leq 1.$$

3. Soit $L=(e,\rho,\beta)\in\mathcal{L}_0(0,n)$ avec

$$\rho^{-1}(0) = \{0,1,\ldots,k\} \quad \text{et} \quad \rho^{-1}(1) = \{k+1,\ldots,k+m\}.$$

Soit $L^o=(e,\rho^o,\beta)\in\mathcal{L}_0(0,n)$ où

$$\rho^o(t)=\begin{cases}\rho(t) & \text{si} \quad t \neq k+1\\ 0 & \text{si} \quad t = k+1.\end{cases}$$

Comme $\hat{L} = \hat{L}^o$, on déduit de (3.6) que

$$(3.9) \qquad \forall i \geq 1 \qquad \frac{u_{i+1}(L^o)}{u_i(L^o)} = \frac{u_{i+1}(L)}{u_i(L)} \leq 1.$$

D'autre part,

$$u_0(L) = (1-k\alpha)u_0(L) + \beta(u_1(L)+\ldots+u_k(L))$$

$$u_0(L^o) = (1-(k+1)\alpha)u_0(L^o) + \beta(u_1(L^o)+\ldots+u_{k+1}(L^o))$$

d'où

$$k\alpha = \beta u_1(L)\left[1+\frac{u_2(L)}{u_1(L)}+\ldots+\frac{u_k(L)}{u_1(L)}\right]$$

$$(k+1)\alpha = \beta u_1(L^o)\left[1+\frac{u_2(L^o)}{u_1(L^o)}+\ldots+\frac{u_{k+1}(L^o)}{u_1(L^o)}\right].$$

Par conséquent,

$$\frac{u_1(L)}{u_1(L^o)} = \frac{k}{k+1}\cdot\frac{1+\frac{u_2(L^o)}{u_1(L^o)}+\ldots+\frac{u_{k+1}(L^o)}{u_1(L^o)}}{1+\frac{u_2(L)}{u_1(L)}+\ldots+\frac{u_k(L)}{u_1(L)}}.$$

En utilisant (3.9), $u_1(L)\leq u_1(L^o)$ équivaut à

$$k \leq \frac{u_1(L)}{u_{k+1}(L)} + \frac{u_2(L)}{u_{k+1}(L)} + \ldots + \frac{u_k(L)}{u_{k+1}(L)}.$$

Or il est facile de déuire de (3.9) que, pour tout $j\in[1,k]$,

$$u_{k+1}(L) \leq u_j(L).$$

Par conséquent, sous les hypothèses indiquées, on a

$$(3.10) \qquad u_1(L) \leq u_1(L^o).$$

Définissons comme suit les librairies $L^{(k)}$:

$$L^{(0)}=L,\ L^{(1)}=L^{\varrho} \quad \text{et} \quad L^{(k)}=[L^{(k-1)}]^{\varrho}.$$

lors, L ayant été défini plus haut (ainsi que m), on déduit de 3.10) que

3.11) $$u_1(L) \leqslant u_1(L^{(1)}) \leqslant u_1(L^{(2)}) \leqslant \ldots \leqslant u_1(L^{(m)}) .$$

r $L^{(m)}$ est telle que $\varrho^{-1}(1) = \emptyset$ donc, d'après (3.8), $u_1(L^{(m)})$ st $\leqslant 1$.

ar conséquent, on déduit de (3.8) et (3.11) que

$$\forall\ L \in \mathcal{L}_0(n) \qquad u_1(L) \leqslant 1.$$

4. Il ne reste plus qu'à montrer que $\alpha/\beta \leqslant u_1(L)$.

oit donc $L=(e,\varrho,\beta)\in\mathcal{L}_0(\omega,n)$ avec $\varrho^{-1}(0) = \{0,\omega+1,\ldots,\omega+k\}$.

i $\omega>0$, on déduit de (3.7) que $\alpha/\beta \leqslant u_1(L)$.

i $\omega=0$, alors

$$u_0(L) = (1-k\alpha)u_0(L) + \beta(u_1(L)+\ldots+u_k(L))$$

t par conséquent,

$$k\alpha = \beta\, u_1(L).\left[1 + \frac{u_2(L)}{u_1(L)} + \ldots + \frac{u_k(L)}{u_1(L)}\right].$$

r, d'après (3.9), pour tout $j \in [2,k]$, $u_j(L) \leqslant u_1(L)$, et par suite, $\alpha/\beta \leqslant u_1(L)$. □

APPENDICE

Dans cet appendice, nous allons examiner succinctement deux généralisations qui nous paraissent intéressantes des chaînes de Markov sur les permutations. La première, les marches aléatoires simultanées, généralisent à la fois les marches aléatoires ordinaires sur N ou Z et les librairies de McCabe; la deuxième, tirée de (Dies, 1982 a), les piles de Tsetlin, généralisent les librairies de Tsetlin et permettent d'obtenir d'intéressantes conditions suffisantes de transience pour une vaste classe de librairies de Hendricks.

1. Marches aléatoires simultanées.

1.1. Définitions.

On se donne un ensemble (de places) $T=\mathbb{N}$ ou Z et un ensemble de "mobiles" $B \subset T$ disposés initialement selon une injection $e: B \to T$. On se donne également une probabilité $p=(p_b)_{b \in B}$ sur B et un nombre $\alpha \in [0,1]$. On choisit, à chaque instant et indépendamment du choix précédent, comme pour les librairies, un mobile b avec la probabilité $p_b > 0$ et le mobile choisi a une probabilité α de reculer d'une place (ou de rester sur place s'il est en 0 et que $T=\mathbb{N}$) et une probabilité $\beta = 1-\alpha$ d'avancer d'une place. Ce faisant, on obtient une chaîne de Markov appelée marche aléatoire simultanée de paramètres p et α.

On considère les cas particuliers suivants.

Définition 1.1.

On note $\mathcal{M}(n+1,p,\alpha)$, $n \in \mathbb{N}$, (resp. $\mathcal{M}(\mathbb{N},p,\alpha)$; $\mathcal{M}(Z,p,\alpha)$) la marche aléatoire simultanée de paramètres p et α telle que $T = \mathbb{N}$, $B = [0,n]$ et $e(t)=t$, $0 \leq t \leq n$. (resp. $T=B=\mathbb{N}$ et $e(t)=t$ $\forall t \in \mathbb{N}$; $T=B=Z$ et $e(t)=t$ $\forall t \in Z$).

Toutes les chaînes $\mathcal{M}(\mathbb{N},p,\alpha)$ et $\mathcal{M}(Z,p,\alpha)$ sont irréductibles; il en est de même des chaînes $\mathcal{M}(n+1,p,\alpha)$, $n \in \mathbb{N}$, lorsque $\alpha > 0$.

L'espace d'états de $\mathcal{M}(\mathbb{N},p,\alpha)$ (resp. $\mathcal{M}(Z,p,\alpha)$) est l'ensemble dénombrable E_e des bijections de $N \to N$ (resp. $Z \to Z$) qui ne diffèrent de e que sur un nombre fini de places.

L'espace d'états E_e de $\mathcal{M}(n+1,p,\alpha)$, $n \in \mathbb{N}$, a pour éléments les (n+1)-uplets $(i_0,i_1,\ldots,i_n) \in \mathbb{N}^{n+1}$ où i_k désigne la place du mobile k. $\mathfrak{S}_{n+1}$ désignant le groupe symétrique sur $[0,n]$, on pourra écrire tout élément de E_e sous la forme

(1.1) $(\pi;i_0,i_1,\ldots,i_n)$ où $\pi \in \mathfrak{S}_{n+1}$ et $i_0 < i_1 < \ldots < i_n$.

Ainsi, l'état initial s'écrira $(e;0,1,\ldots,n)$.

Observons enfin que, pour $\alpha=1$, les marches aléatoires simultanées $\mathcal{M}(n+1,p,1)$ (resp. $\mathcal{M}(\mathbb{N},p,1)$) sont les librairies de McCabe (e,M^n_{n-1},p) (resp. (e,M^∞_∞,p)) et que, pour $\alpha=0$ ou 1, $\mathcal{M}(Z,p,\alpha)$ est une librairie de transposition sur Z.

Dans la suite de ce paragraphe, nous allons examiner quelques propriétés simples de ces chaînes.

.2. Réversibilité et mesures stationnaires.

ommençons par les marches $\mathcal{M}(n+1,p,\alpha)$, $n\in\mathbb{N}$, $\alpha\in]0,1]$. Il est in-uitif que ces chaînes sont réversibles; si tel est bien le cas, 3.2.1) nous fournit un procédé pour déterminer une mesure station aire $u:E_e\to R^+$ donnée, pour tout $s\in E_e$ écrit sous la forme (1.1), ar:

$$1.2)\quad u(\pi;i_0,i_1,\dots,i_n)=\prod_{j=0}^{n}\left(\frac{\beta}{\alpha}\right)^{i_j-j}\cdot\prod_{h=1}^{n}\prod_{k=0}^{h-1}\frac{\alpha p_{e(h)}+\beta p_{e(k)}}{\alpha p_{\pi(h)}+\beta p_{\pi(k)}}\ .$$

a mesure stationnaire ayant été ainsi "devinée", on peut mainte-ant démontrer le

héorème 1.2.

oit $p(s,s')$, $s,s'\in E_e$, les probabilités de transition de la chaî-e $\mathcal{M}(n+1,p,\alpha)$. L'application $u:E_e\to R^+$ définie en (1.2) vérifie

$$\forall\ s,s'\in E_e\qquad u(s)p(s,s')=u(s')p(s',s).$$

ar conséquent:

u est une mesure stationnaire de $\mathcal{M}(n+1,p,\alpha)$;

la chaîne $\mathcal{M}(n+1,p,\alpha)$ est réversible.

émonstration.

uisque, de toute évidence, $p(s,s')=0$ équivaut à $p(s',s)=0$, il uffit de considérer les deux cas pour lesquels $p(s,s')p(s',s)>0$. oit d'abord $s=(\pi;i_0,i_1,\dots,i_n)\in E_e$ et $s'=(\pi;i'_0,i'_1,\dots,i'_n)\in E_e$ el qu'il existe k avec $i'_k=i_k-1$ (resp. i_k+1) et, pour tout $j\neq k$, $i'_j=i_j$. Alors $u(s)p(s,s')=u(s')p(s',s)$ résulte du fait que

$$\frac{u(s')}{u(s)}=\left(\frac{\beta}{\alpha}\right)^{i'_k-k}\quad\text{et}\quad\frac{p(s,s')}{p(s',s)}=\frac{\alpha}{\beta}\quad\left(\text{resp. }\frac{\beta}{\alpha}\right).$$

Soit ensuite $s=(\pi;i_0,i_1,\dots,i_n)\in E_e$ avec $\pi(t)=i$, $\pi(t+1)=j$ (t étant un élément de $[0,n-1]$) et $s'=(\pi\circ\theta_t;i_0,i_1,\dots,i_n)\in E_e$ où θ_t est la transposition de t et de $t+1$.

Alors un peu de calcul montre que

$$\frac{u(s')}{u(s)} = \prod_{h=1}^{n}\prod_{k=0}^{h-1} \frac{\alpha\, p_{\pi(h)} + \beta\, p_{\pi(k)}}{\alpha\, p_{\pi\circ\theta_t(h)} + \beta\, p_{\pi\circ\theta_t(k)}}$$

$$= \frac{\alpha\, p_j + \beta\, p_i}{\alpha\, p_i + \beta\, p_j} = \frac{p(s,s')}{p(s',s)} . \quad \square$$

Passons maintenant aux marches $\mathcal{M}(T,p,\alpha)$, $T = \mathbb{N}$ ou $\mathbb{Z}$; il est raisonnable de penser qu'on obtiendra une mesure stationnaire de la chaîne $\mathcal{M}(\mathbb{N},p,\alpha)$ en faisant tendre n vers l'infini dans l'expression (1.2), ce qui nous donne l'application $u:E_e\to \mathbb{R}^+$ définie, pour tout $\pi\in E_e$, par

$$(1.3) \qquad u(\pi) = \prod_{n=1}^{\infty}\prod_{k=0}^{n-1} \frac{\alpha\, p_{e(n)} + \beta\, p_{e(k)}}{\alpha\, p_{\pi(n)} + \beta\, p_{\pi(k)}} .$$

On peut donner de (1.3) l'expression équivalente suivante qui sera <u>également valable</u> pour $\mathcal{M}(\mathbb{Z},p,\alpha)$: pour $T = \mathbb{N}$ ou $\mathbb{Z}$ et $\pi\in E_e$, on pose $m^-(\pi) = \inf\{t\in T\ ;\ \pi(t)\neq e(t)\}$ et $m^+(\pi) = \sup\{t\in T\ ;\ \pi(t)\neq e(t)\}$ et, de plus,

$$(1.4) \qquad u(\pi) = \prod_{m^-(\pi)\leq k<n\leq m^+(\pi)} \frac{\alpha\, p_{e(n)} + \beta\, p_{e(k)}}{\alpha\, p_{\pi(n)} + \beta\, p_{\pi(k)}} .$$

<u>Remarquons</u> que, pour $\alpha=1$, (1.4) se réduit à la mesure stationnaire (3.2.2) des librairies de transposition sur $\mathbb{N}$ ou $\mathbb{Z}$.

Nous pouvons à présent énoncer le théorème suivant qui se démontrerait, avec quelques légères complications, comme le théorème 1.2.

Théorème 1.3.

Soit $p(\pi,\pi')$, $\pi,\pi' \in E_e$ les probabilités de transition de $\mathcal{M}(T,p,\alpha)$, $T = \mathbb{N}$ ou Z. L'application $u : E_e \to R^+$ définie en (1.4) vérifie

$$\forall \pi,\pi' \in E_e \qquad u(\pi)p(\pi,\pi') = u(\pi')p(\pi',\pi).$$

Par conséquent

u est une mesure stationnaire de $\mathcal{M}(T,p,\alpha)$;

la chaîne $\mathcal{M}(T,p,\alpha)$ est réversible.

1.3. Récurrence positive.

On étudie, dans les trois propositions suivantes, la récurrence positive de $\mathcal{M}(n+1,p,\alpha)$, $n \in \mathbb{N}$, $\mathcal{M}(\mathbb{N},p,\alpha)$ et $\mathcal{M}(Z,p,\alpha)$.

Proposition 1.4.

$\mathcal{M}(n+1,p,\alpha)$, $n \in \mathbb{N}$, est récurrente positive si et seulement si $\alpha > \frac{1}{2}$.

Démonstration.

On déduit immédiatement de (1.2) et du fait que $\mathfrak{S}_{n+1}$ est fini que $\mathcal{M}(n+1,p,\alpha)$ est récurrente positive si et seulement si

$$\sum \left\{ \prod_{j=0}^{n} \left(\frac{\beta}{\alpha}\right)^{i_j - j} \; ; \; i_0 < i_1 < \ldots < i_n \right\} < \infty \quad .$$

Or cette série se comporte comme une succession de séries géométriques de raison β/α . □

Proposition 1.5.

$\mathcal{M}(\mathbb{N},p,\alpha)$ récurrente positive $\Leftrightarrow$ $\alpha = 1$ et $\sum_{t=0}^{\infty} \frac{p_{t+1}}{p_t} < \infty$.

Démonstration.

Il suffit, d'après le théorème 4.2.3, de montrer l'implication de gauche à droite. Supposons donc que $\sum_{\pi \in E_e} u(\pi) < \infty$;

alors, $\theta_t \in E_e$ étant la transposition de t et de t+1, on déduit de (1.3) que

$$(1.5) \qquad \sum_{t=0}^{\infty} u(\theta_t) = \sum_{t=0}^{\infty} \frac{\alpha p_{t+1} + \beta p_t}{\alpha p_t + \beta p_{t+1}} < \infty .$$

Si $\alpha \leq \beta$ alors $\alpha/\beta \leq u(\theta_t)$ et la série de terme constant α/β doit converger ce qui implique $\alpha = 0$; mais dans ce cas, (1.5) entraîne la convergence de la série de terme général p_t/p_{t+1}, ce qui est incompatible avec $\sum_{t=0}^{\infty} p_t = 1$.

Donc nécessairement $\alpha > \beta$ et le raisonnement précédent montre que $\alpha = 1$ et $\sum_{t=0}^{\infty} \frac{p_{t+1}}{p_t} < \infty$. □

<u>Proposition 1.6.</u>

$\mathcal{M}(Z,p,\alpha)$ n'est récurrente positive pour <u>aucun choix</u> de α et p.

De plus, <u>si $\alpha \neq 1/2$</u>, cette chaîne est <u>transiente</u> quelque soit p.

<u>Démonstration.</u>

Il est facile de voir que $\mathcal{M}(Z,p,\alpha)$ est bistochastique; elle admet donc une mesure stationnaire constante et partant non bornée.

Lorsque $\alpha \neq 1/2$, la mesure stationnaire (1.4) n'est pas constante et donc n'est pas proportionnelle à la mesure stationnaire constante, ce qui implique la transience de la chaîne. □

Il serait intéressant de savoir si la marche aléatoire simultanée symétrique $\mathcal{M}(Z,p,1/2)$ est, elle aussi, transiente quelque soit p.

. Piles de Tsetlin.

Nous avons vu, aux chapitres 7 et 9, qu'il était difficile d'étudier la transience des librairies et même d'obtenir seulement des conditions suffisantes de transience. Dans ce paragraphe, assez informel, nous allons considérer le problème suivant: on se donne une librairie de Hendricks (exemple 1.2.5) dont l'arbre (T,γ), de racine ω, est supposé non borné (définition 7.2.2). On peut alors choisir dans (T,γ) un axe infini $A = (t_i)_{i=0}^{\infty} \subset T$ où $t_0 = \omega$ et, pour tout $i \geq 1$, $\gamma(t_i) = t_{i-1}$.

Nous dirons qu'un sommet $s \in T$ est directement postérieur à $t_n \in A$ si:

1. $t_n \leq s$,

2. $\forall m > n \quad t_m$ n'est pas $\leq s$;

et nous désignerons par T_n l'ensemble des sommets directement postérieurs à t_n.

fig. 37

Il est naturel d'associer à la librairie de Hendricks H considérée (par une sorte de "passage au quotient"), la librairie de Tsetlin sur N, notée A(H), obtenue en regroupant tous les livres de H, initialement placés en T_n, en un seul livre, noté e(n) et auquel on attribue la probabilité

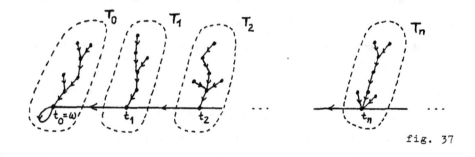

(2.1) $$p_e^*(n) = \sum_{t \in T_n} p_e(t) \,.$$

La question est alors de savoir si la transience de A(H) (avec sa probabilité p*), caractérisée par (2.2.8), implique la transience de H, avec sa probabilité p.

La réponse à cette question passe par l'introduction de nouvelles chaînes de Markov; l'exemple très simple suivant fera comprendre la situation générale. Considérons la librairie de Hendricks H dont l'arbre est représenté comme suit

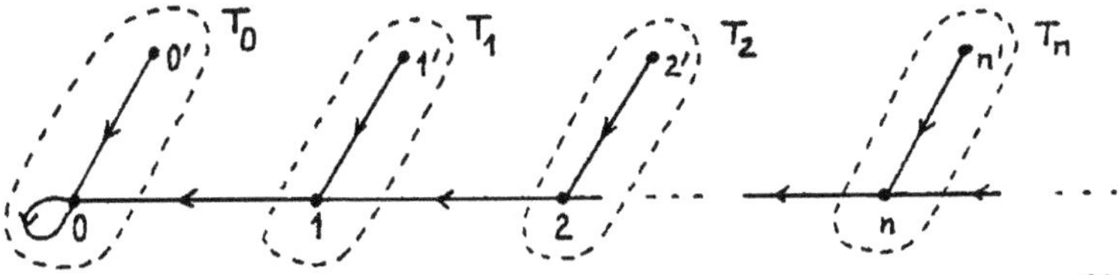

fig. 38

Etudier la transience de la librairie de Tsetlin associée A(H) revient évidemment à étudier la transience de la chaîne de Markov où les livres (e(n),e(n')) sont rangés dans un classeur T_n, les classeurs se déplaçant selon une police de Tsetlin et les livres (e(n), e(n')) demeurant à leur place à l'intérieur de leur classeur T_n. Pour comprendre pourquoi la transience de cette dernière chaîne implique celle de H, il faut développer un modèle combinant les notions de classeur et de police de Tsetlin, i.e. les piles de Tsetlin, où non seulement les classeurs mais aussi les livres (ou les fiches)à l'intérieur de leur classeur se déplacent selon une police de Tsetlin. Dans l'exemple considéré, on introduit la pile formée d'une infinité de classeurs $(T_i)_{i=0}^{\infty}$, chaque classeur T_n contenant deux fiches e(n) et e(n'). Si la fiche e(n) (ou e(n')) est convoquée avec la probabilité $p_{e(n)}$ (ou $p_{e(n')}$), le nouvel arrangement des classeurs est donné par $T_n\ T_0\ T_1\ \ldots\ T_{n-1}\ T_{n+1}\ T_{n+2}\ \ldots$, la position des fiches e(i),e(i') dans leur classeur T_i demeurant inchangée sauf pour e(n),e(n') lorsque e(n') a été convoqué (auquel cas e(n) et e(n') ont été transposés dans T_n). On peut alors considérer cette pile comme une librairie de Tsetlin où chaque livre a été remplacé par une librairie de Tsetlin (à deux livres dans notre exemple).

Si le sous-arbre ayant pour ensemble de sommets T_n n'avait pas été linéaire, on aurait pu à nouveau définir un axe et des classeurs d'ordre inférieur. En général, on peut définir grossièrement les d-piles (de Tsetlin), $d \in \mathbb{N}$, comme suit:

Une 1-pile est une librairie de Tsetlin;

Une d-pile est une librairie de Tsetlin où chaque livre a été remplacé par une (d-1)-pile.

Ainsi, la pile correspondant à la fig. 38 est une 2-pile.

Le lecteur intéressé par une étude précise de ces chaînes (définition, mesure stationnaire, récurrence positive, transience) pourra consulter (Dies,1982 a). Nous nous contenterons d'extraire de l'article précité le résultat suivant.

Théorème 2.1.

A toute librairie de Hendricks finie H on peut associer une d-pile notée P(H) telle que tout mot de retour à l'origine pour H soit un mot de retour à l'origine pour P(H).

Nous sommes à présent en mesure de répondre à la question posée dans ce paragraphe.

Théorème 2.2.

Soit H une librairie de Hendricks non bornée à laquelle on a associé un axe A, une partition $(T_i)_{i=0}^{\infty}$ de l'ensemble T de ses sommets et une probabilité p* sur e(ℕ) définie en (2.1).

Si on pose

$$s_n^*(e) = p_{e(0)}^* + p_{e(1)}^* + \dots + p_{e(n)}^* \qquad (n \geq 0),$$

alors

$$\sum_{n=0}^{\infty} \prod_{i=0}^{n} \frac{p_{e(i)}^*}{1 - s_i^*(e)} < \infty$$

implique la transience de H.

<u>Démonstration</u>.

Il est facile de voir qu'on peut indexer les sommets de T par les entiers naturels de sorte que, si $B_k = \{0,1,\dots,k\}$, $\gamma(k+1) \in B_k$, avec $B_0 = \{0\} = \{\omega\}$.

Soit alors $n \geq 0$ et désignons par $R^n(e)$ l'ensemble des mots de retour à e sur $[0,n]$ contenant au moins une fois e(n).

Si j(n) désigne l'inf des j pour lesquels $B_n \subset \bigcup_{i=0}^{j} T_i$, on peut, d'après le théorème 2.1, associer à la sous-structure de Hendricks attachée à l'arbre fini (B_n, γ), une d-pile dont les classeurs d'ordre d (i.e. les classeurs d'ordre le plus élevé) sont, pour $0 \leq k \leq j(n)$, $C_k = B_n \cap T_k$.

Mais alors, toujours d'après le théorème 2.1, si $w \in R^n(e)$, w est aussi un mot de retour pour la d-pile associée et a fortiori pour la chaîne de Markov où les "blocs" T_n sont déplacés comme dans une librairie de Tsetlin mais où les livres restent à la même place dans leur bloc. □

BIBLIOGRAPHIE

Aho A.V., Denning P.J. and Ullman J.D. (1973) "Principles of optimal page replacement". J. Ass. Computing Machinery. 18, nº1, pp. 80-93.

Arnaud J.P. (1977) Sur quelques propriétés des librairies. Thèse de spécialité. Université Paul Sabatier. Toulouse.

Aven O.I., Boguslavsky L.B. and Kogan Y.A. (1976) "Some results on distribution-free analysis on paging algorithms". IEEE Trans. on Computers. Vol.C-25, nº7, pp. 737-744.

Chung K.L. (1967) Markov chains with stationary transition probabilities. 2nd. ed. Springer Verlag. Berlin-Heidelberg-New York.

Dies J.E. (1981) "Récurrence positive des librairies mixtes". Z. Wahrscheinlichkeitstheorie verw. Geb. 58, pp. 509-528.

ies J.E. (1982 a) "Hendricks libraries and Tsetlin piles". Adv. Appl. Prob. 14, pp. 37-55.

ies J.E. (1982 b) "Quelques propriétés des librairies d'Aven, Boguslavsky et Kogan". Ann. Inst. Henri Poincaré. B18, nº2, pp. 115-148.

Dies J.E. (1982 c) "Sur la transience de certaines chaînes de Markov sur les permutations". Adv. Appl. Prob. 14, pp. 526-542.

Djokovic D.Z. (1978) Pb E 2652. American Math. Monthly. 85, pp. 765-766.

Dudley R.M. (1962) "Random walks on abelian groups". Proc. A.M.S. 13, pp. 447-450.

Feller W. (1968) An introduction to probability theory and its applications. Vol.I. 3rd. ed. Wiley & Sons. New York.

Franaszek P.A. and Wagner T.H. (1974) "Some distribution-free aspects of paging algorithms performence". J. Ass. Computing Machinery. 21, nº1, pp. 31-39.

Gelenbe E. (1973) "A unified approach to the evaluation of a class of replacement algorithms". IEEE Trans. on Computers. Vol. C-22. nº6, pp. 611-618.

Heller A. (1965) "On stochastic processes derived from Markov chains". Ann. Math. Stat. 36, pp. 1286-1291.

Hendricks W.J. (1972) "The stationary distribution of an interesting Markov chain". J. Appl. Prob. 9, pp. 231-233.

Hendricks W.J. (1973) "An extension of a theorem concerning an interesting Markov chain". J. Appl. Prob. 10, pp. 886-890.

Hendricks W.J. (1976) "An account of self organizing systems". SIAM J. Comput. 5, nº4, pp. 715-723.

Kan Y.C. and Ross S.M. (1980) "Optimal list order under partial memory constraints". J. Appl. Prob. 17, pp. 31-48.

Kemeny J., Snell J.L. and Knapp A. (1966) Denumerable Markov chains Van Nostrand. New Jersey.

Lauvergnat G. (1976) Etude de méthodes de réorganisation automatique pour des structures d'information. Thèse de spécialité. Clermont-Ferrand.

Letac G. (1974) "Transience and recurrence of an interesting Markov chain". J. Appl. Prob. 11, pp. 818-824.

Letac G. (1975) "Librairies". Rapport technique du C.R.M. nº569. Université de Montréal.

Letac G. (1978) Chaînes de Markov sur les permutations. S.M.S. Presses de l'Université de Montréal.

McCabe J. (1965) "On serial files with relocatable records". Operations Research. 13, nº4, pp. 607-618.

Nelson P.R. (1975) Library type Markov chains. Doc. Dissertation. Case Western Reserve University. Cleveland.

Nelson P.R. (1977) "Single shelf library type Markov chains with infinitely many books". J. Appl. Prob. 14, pp. 298-308.

Neveu J. (1975) Cours de probabilités. Ecole Polytechnique. Paris.

Phelps R. and Thomas L. (1980) "Optimality for a special case of self organizing schemes". J. Information and Optimization Sciences. 1, pp. 80-93.

Rackusin J.L. (1977) Pb E 2652. American Math. Monthly. 84, p. 295.

Rivest R.L. (1976) "On self organizing sequential search heuristics". Comm. A.C.M. 19, pp. 63-67.

Rosenblatt M. (1971) Markov processes; structure and asymptotic behavior. Springer Verlag. Berlin-Heidelberg-New York.

Tsetlin M.L. (1963) "Finite automata and models of simple form of behavior". Russian Math. Surveys. 18, pp. 1-28.

INDEX

lphabet 13

- de x 13

pproximation

- d'ordre k de c(τ,p) 178
- d'ordre N d'une librairie VMFT 86

rbre

- des transpositions 11
- de type fini 130
- de type infini 130
- linéaire 3
- orienté 2
- principal 10

rbrisseau 10

- de Hendricks 11

xe principal 137

ord 10

ranchement de structures 10

haîne réversible 44

lasseur 216

oncaténation 11, 26

oût moyen de recherche 175

- généralisé 184
approximation d'ordre k du - 178

Cycle 3

Disposition initiale 4

Distance

- d(s,t) 3

- |t| 3
ϱ- - 162

Distribution stationnaire 38

Espace des suites 26

Fiche 216

Intérieur 111

Lettre 13

Librairie 20
voir aussi Structure
- de $\mathcal{L}(n)$ 172
- de $\mathcal{L}_0(n)$ 200
- de $\mathcal{L}(\omega,n)$ 172
- de $\mathcal{L}_0(\omega,n)$ 201
- de Tsetlin A(H) associée à une - de Hendricks H 215
- quotient 56
- stationnaire 25
- VMFT 85

Longueur d'un mot fini 13

Marche aléatoire simultanée 209
- $\mathfrak{m}(n+1,p,\alpha)$ 210
- $\mathfrak{m}(N,p,\alpha)$ 210
- $\mathfrak{m}(Z,p,\alpha)$ 210

Mémoire principale 17

Mesure
- bornée 38
- sous-stationnaire 38
- stationnaire 37
- stationnaire homogène 39
- stationnaire unitaire 173
- strictement sous-stationnaire 38

Mot
- de passage 14
- de remise au zéro 27
- de retour 14
- fini 13

- infini à gauche 26
- vide 13

[illegible]-numérotation 161

Occurrence 13, 73
- active 73
dernière - 13
dernière - active 73

Opérateur de réduction
- Φ_0 141
- Φ_1 142
- Φ_2 144

Pile
- de Tsetlin 217
- CLIMB 58
- FIFO 57
- LRU 57

Police 4

Racine 3

Réversible (chaîne) 44

Sommet
- directement postérieur 215
- extrêmal 111

Structure
- acyclique 5
- à racine 5
- cyclique 5
- cyclique bornée 110
- cyclique non bornée 110
- de Hendricks 8
- de la marguerite 9
- de $L_n(Z_a)$ 124
- de McCabe 7
- de permutation au sens large 5
- de permutation au sens strict 17
- de Rivest 8

- de transposition 7
- de Tsetlin 8
- du type $\mathcal{E}$ 151
- du type $\overline{\mathcal{E}}$ 151
- du type $\mathcal{R}$ 140
- du type R0 135
- du type R1 139
- (e,H_{ω}^{N}) 86
- (e,L_{ω}^{N}) 173
- (e,T_{ω}^{N}) 9
- linéaire 5
- mixte 11
- mixte (e,M_{ω}^{N}) 12
- nulle 105
- récurrente 105
- récurrente positive 105
- toujours nulle 128
- transiente 105